标准茶园
栽 培 技 术

王 立 编著

U0349236

中国农业科学技术出版社

图书在版编目（CIP）数据

标准茶园栽培技术 / 王立编著. --北京：中国农业科学技术出版社，
2023.7

ISBN 978-7-5116-6350-4

Ⅰ. ①标… Ⅱ. ①王… Ⅲ. ①茶园—栽培技术 Ⅳ. ①S571.1

中国国家版本馆 CIP 数据核字（2023）第 125498 号

责任编辑 徐定娜
责任校对 马广洋
责任印制 姜义伟　王思文

出 版 者 中国农业科学技术出版社
　　　　　 北京市中关村南大街 12 号　　邮编：100081
电　　话 （010）82105169（编辑室）　（010）82106624（发行部）
　　　　　 （010）82109709（读者服务部）
网　　址 https://castp.caas.cn
经 销 者 各地新华书店
印 刷 者 北京建宏印刷有限公司
开　　本 170 mm×240 mm　1/16
印　　张 16.25
字　　数 212 千字
版　　次 2023 年 7 月第 1 版　2023 年 7 月第 1 次印刷
定　　价 68.00 元

王立研究员新编著的《标准茶园栽培技术》出版前夕，嘱余为序，此乃可喜之事，故乐而从命，寥寥数语，匆匆作序，以表祝贺。

茶园建设和管理是茶叶生产的基础工程。随着新时期经济社会的高速发展，传统茶叶生产模式面临转型升级，全国茶区的现代化标准茶园建设方兴未艾，推动茶业向集约、优质、高效、生态可持续健康协调发展。早在 2009 年，农业部（2018 年，更名为农业农村部）便启动了标准茶园创建，提出了发展高标准茶园总体目标，并陆续出台了工作方案、建设规范、技术规程等多个文件，对园地建设、栽培管理、鲜叶加工、产品和质量管理等提出了非常翔实的要求。本书从茶树生物学特性的基础理论出发，根据农业部的文本要求标准，联系实际，对创建标准茶园提出一系列最新栽培技术，系统阐明现代化标准茶园模式、园区选择、规划设计、园地开垦、茶苗种植、苗期护理和茶树高产优质剪、采、肥、水、培等一整套技术措施。全书内容丰富，取材新颖，深入浅出，图文并茂，具有重要参考价值。

该书作者王立毕业于浙江农业大学茶学系（1998 年，浙江农业大学并入浙江大学），系我国首位茶学研究生，师从我国著名茶学家、茶树栽培学奠基人庄晚芳教授。他毕业后，一直在中国农业科学院茶叶研究所从事茶树生物学、茶树组织培养研究和茶树栽培技术的科研及其推广工作。早在 20 世纪 70 年代（1972—1977 年），便在浙江遂昌茶区蹲点，指导山地茶园创建；退休后，本世纪初（2003—2005年）又在浙江武义县指导规模化现代化标准茶园创建；此外，还在四川、广西、江西、浙江等全国产茶地区进行技术指导。王立研究员在茶树栽培技术研究和推广上经验丰富、成果丰硕。

"莫道桑榆晚，为霞尚满天。"如今，王立先生已属耄耋之年，理应居家安享清福，颐养天年，他却退而不休，老有所为，经常深入基层，指导茶叶生产，全心全意为茶农服务。如2019年秋，他在20多颗牙齿被全拔待种，无法正常进餐的情况下，竟亲自携带食品粉碎机远离杭州，前往四川乐山，以浙江省老茶缘茶叶研究中心副理事长的身份，指导并参与银龄扶贫活动。他白天翻山越岭，奔走在茶山上，晚上回到旅社喝着机器粉碎后的杂粮糊充饥，次日又生龙活虎般地活跃在茶园里，在场的群众和领导无不为之动容，感动得热泪盈眶。同时，他还凭借深厚学识功底与丰富实践经验，结合新形势和现代标准化茶园发展要求，伏案著书，为新茶业再立新功，虽非理论宏著，却乃实用全书，颇具实践指导意义。

当代茶圣吴觉农先生有句名言："茶业工作者既然献身茶业，就应该以身许茶，视茶业为第二生命。"王立先生数十年如一日，学茶、研茶、事茶，一心为茶，乃新时代"以身许茶"之典范，也是茶人们学习之楷模。

刘祖生

2023年6月于浙江大学

我国茶园面积居世界第一，但单位面积产量却落后于世界平均水平。主要原因是生产方式较落后，分散种植为主，农业种植效率不高，因此大多数茶园无法产生规模效益，不能适应新时期茶叶生产的要求。所以，现代茶叶发展转型升级过程，要按照高标准、严要求，必须实现茶区园林化、茶树良种化、茶园生态化、茶园水利化、生产机械化和栽培科学化，尽快创建标准化茶园已迫在眉睫。这样才能真正协调好茶园与生态环境之间的和谐共生关系，才能实现优质高产和可持续发展。王立研究员新作《标准茶园栽培技术》，将现代科学研究成果进一步升华和发展，形成了系统的茶树栽培理论和技术。

王立研究员曾就读于浙江农业大学茶学系茶学专业，是我国第一位茶学研究生，在中国农业科学院茶叶研究所从事茶树生物学和栽培技术研究60余年，茶学理论深厚。退休后的20多年中，他仍不间断地在生产第一线进行科技服务。实践出真知，他积累了丰富的新茶园规划设计、开垦、种植和培育等一整套关键技术。《标准茶园栽培技术》内容翔实、图文并茂，既有较高的学术价值，又能指导现代茶叶生产和科研实践。愿此书能为现代化标准茶园建设的一线工作者提供最现实的帮助。

中国农业科学院茶叶研究所原所长
中国茶叶学会原理事长
2023年6月

标准茶园模式（王立研究员规划设计的茶园）

　　我国是茶树的原产地，栽培茶树的历史有三千多年，历代先民积累了丰富的茶树种植经验。我国至今还是世界上最大的产茶国。2021年，全国18个主要产茶省（自治区、直辖市）的茶园总面积为4 896.09万亩，约占世界的62.5%，茶叶产量约占世界的45%。历史上，茶叶是我国对外贸易的大宗产品，是创汇的拳头产品之一，茶叶是中国农业的支柱产业之一。与世界茶叶先进国家相比，中国还不是一个茶叶强国，茶叶产业发展还有一定的差距，存在单产水平较低、产品质量安全水平不稳定、缺少国际知名茶叶品牌等一系列问题，尤其是在茶园建设上规模化、机械化、现代化水平较低。我国大部分茶园以个体经营为主，经济效益不高，传统茶园多为人工管理，全靠腿跑肩挑，茶园管理土、肥、水、剪、采和病虫害防治等技术还不规范，茶叶生产有面积大、单产低、广种薄收的特点。分析全国各地茶园现状，普遍存在以下7个方面的弊端。一是茶树品种比较老旧，部分为种子苗木，以致种性混杂，株（丛）间差异大，鲜叶原料不一，难以制成风格一致、风味独特的名优茶。部分茶园已进入衰老期，树势衰败，生机不旺，低产低质，种植不规范，零星分散，缺株断行比较严重，土地利用率相对较低。二是茶园交通路网建设不全，很多园区机耕路没有到茶山，更没有进茶园，给提高茶园管理水平带来困难。三是多数茶园处在山区和丘陵地带，缺水比较严重，多数园区没有水利设施，主要靠自然降水供给，完全靠天种茶。四是有相当一部分茶园幼龄期水土流失比较严重，加上原先均为人工开垦，茶园土层比较浅薄，保肥、保水、保温能力较差。五是茶树品种单一化种植，生态环境不理想，缺乏生物多样性，易使茶树病虫害蔓延、为害严重。六是茶园多为分散经营，生产规模小，茶叶生产集约化程度低。七是一些新建茶园没有科学规划，盲目开垦，没有打好"土"和"种"的基础，存在水土流失和生态破坏严重。传统茶园的上述原因导致经济效益不高，即使采取一系列先进技术措施，生产潜力提升效果仍然不大。因此，茶叶生产迫切需要标准茶园建设及标准化栽培技术。与此同时，近20年来茶叶生产科技水平不断提高，推广了许多茶树栽培的新经验和新成果，也使编著《标准茶园栽培技术》成为可能。

随着经济社会的全面发展，传统的茶叶生产模式已不适应现代化茶叶生产的需求，消费者对茶叶质量安全要求越来越高，茶叶生产已从数量扩张型转为质量效益型，迫切需要推广建立现代化标准茶园。2009年9月，农业部启动了茶叶标准园创建，提出了生产标准化、管理集约化、产品优质化、加工产业化、销售品牌化五大目标；2010年，农业部发布了《茶叶标准园创建规范（试行）》，对园地、栽培、加工、产品和质量管理等26项内容提出了翔实要求；还相继出台了《全国茶叶重点区域发展规划（2009—2015年）》、标准茶园创建活动工作方案、建设规范、技术规程等十多个文件。2013年，农业部提出力争到2015年高标准茶园比例达到20%的总体目标。2021年，农业农村部会同市场监管总局、中华全国供销总社印发《关于促进茶产业健康发展的指导意见》，要求加快品种培优、品质提升、品牌打造和标准化生产、提高茶产业质量效益、竞争力和可持续发展能力。当前，为推进茶文化、茶产业和茶科技的"三茶"

统筹，助推中国茶产业高质量发展，全国茶区绿色生态茶园建设工作正在如火如荼地进行。

创建标准茶园，促进绿色防控就是集成技术、集约项目、集中力量，在茶叶优势产区建设一批规模化种植、标准化生产、产业化经营的生产基地，示范带动茶叶高质量发展。

本书重点突出有关标准茶园的文件要求标准，逐一细化技术内容，规范标准茶园模式，并对创建标准茶园提出一系列最新栽培技术；阐述了现代化标准茶园模式、园区选择、规划设计、开垦、种植、苗期护理和茶树高产优质一整套技术措施等等。本书还将现代农业可持续发展、茶园生态保护、无公害茶叶生产技术贯穿全书，突出介绍绿色生态农业要求下的标准茶园建设，质量安全管理要求下"量"的生产向"质"的提高转变等等。

近年来，人工智能、新材料等新兴技术逐渐渗透到茶叶生产领域，这对推动创建标准茶园极为有利。智慧茶园建设已在全国各茶区逐步推广。标准茶园如能启动茶园数据化、智能化管理工作，通过物联网＋水肥一体化云平台建设，可实现标准茶园智慧管理"一指控"。通过系列化的提产增效、提质增效、降本增效，有效打破现有制约因素，使广大茶叶生产者感受到数字技术带来的变化和便捷。

在本书出版之际，浙江大学茶学系茶树育种泰斗刘祖生教授和中国农业科学院茶叶研究所原所长、中国茶叶学会原理事长程启坤研究员热情为序，在此谨致谢意。中国农业科学院茶叶研究所茶树种植工程研究中心肖强研究员和茶树资源与改良研究中心陈亮研究员对书中茶树病虫害防治、茶树良种选用与搭配进行详细修正、补充，并对书稿内容提出了重要的修改意见，在此一并表示感谢。由于作者能力有限，编著中所存不当之处，恳请广大读者提出意见与建议，以利进一步完善。

王　立

2023 年 6 月于杭州

目　录

第一章
标准茶园创建概述

栽培茶树的目的是从茶树上采收量多、质优的芽叶，这一目的的实现，有赖于茶树生长的生育环境、掌握茶树优质高产的生育规律、综合运用先进农业技术。

茶园建设要坚持高标准、高质量的原则，要以优质高效为核心，实现茶园良种化、机械化、园林化、生态化、水利化和栽培科学化。

一、标准茶园的要求

农业农村部文件对标准茶园提出了 5 个方面的要求：标准茶园规模要 1 000 亩（$1\ hm^2 = 15$ 亩，1 亩 $\approx 667\ m^2$，下同）以上，相对集中连片；茶叶质量 100% 符合食品安全国家标准，并获得质量安全认证；品种选择上 80% 采用无性系苗木，良种覆盖率达到 100%；名优茶产量 20 kg／亩，或大宗茶 150 kg／亩以上；茶树树冠结构合理，覆盖度 80% 以上。新建茶园要符合农业农村部提出的实施无公害食品行动计划要求，即"从茶园到茶杯的全过程实行安全质量控制"。

二、标准茶园"六化"

标准茶园创建，需要进一步细化标准，为实现茶叶持续优质高产，土、种是基础，剪、采、肥、水、保是关键。茶园基础建设要坚持高标准、高质量的原则，以优质高效为核心，其基本建设标准与要求是：实现茶园良种化、机械化、园林化、生态化、水利化和栽培科学化，最终努力实现茶园亩产值达万元以上（精品茶园）。

（一）茶园良种化

茶树品种是决定茶园产量、鲜叶质量和成品茶品质最重要的因素。在创建标准茶园时，考虑选择优良的茶树品种。良种，是茶叶生产中最基本的生产资料，是茶叶产业化和可持续发展的基础，对发芽时间、品质、抗逆性、产量、适制性等都有影响。因为良种在茶叶生产中的增产作用十分显著，在同等环境条件和管理水平下，优良品种一般比非良种增产 20%～40%，甚至更高。在同样的采摘和加工技术下，优良品种的品质可提高 1～2 个等级。因此，名优茶的炒制离不开优良茶树品种。

良种化，是基于先进的技术手段与优良的茶园环境之上所建立起来的一种栽培体系，这种技术手段可以有效提升茶树适应周围环境的能力以及抵御病虫害的能力，并最终实现高产、优质、高效、低耗的种植目的，达到创建标准茶园的目标。要充分发挥良种的作用，优先发挥茶树良种在品质方面的综合效应。逐步更新那些单产低、品质差的不良品种，提高良种化水平。

我国是世界上茶树种质资源最丰富的国家，资源的遗传多样性和可利用性为世人所瞩目（陈亮等，2006）。2017 年 5 月前，全国有国家审（认、鉴）定的茶树品种 134 个，省级审（认）定的茶树品种 200 多个，以及一批当前仍在生产上利用的地方良种和名枞。根据新的《中华人民共和国种子法》，2017 年 5 月以后，茶树作为非主要农作物实行品种登记制度，到 2023 年 6 月，全国共有 238 个茶树品种通过了非主要农作物品种登记。创建标准茶园时，茶树品种必须是经国家非主要农作物品种登记或者之前经过国家和省级审（认）定的无性系良种。创建标准茶园应选好当家品种后，再选择合理的搭配品种，优先选用特异与优质的茶树品种。在满足生态条件和适制茶类的前提下，茶树品种应尽可能多样化，以利用不同茶树品种品质多样性提高成茶品质，同时增加茶园生态系统的生物多样性。

具体而言，不同品种具有不同的特征和特性，如树型、分枝密度、叶片大小、芽叶色泽与百芽重、内含成分、适制性与制茶品质、产量高低、抗逆性与适应性等，从而构成了茶树品种的特征与特性的多样性。根据不同茶类对鲜叶原料的不同要求，选择相应的品种，可以显著地提高茶叶品质。不仅要注意选用产量高、品质优、抗逆性强的良种，还要注意特早生、早生、中生良种的搭配，以缓和采摘高峰，利于加工和均衡生产，满足建园的目标（杨亚军，2005）。研究认为，高光效生态型的高产茶树品种具有如下基本特点（杨亚军，2005）：①树型紧凑，分枝角度较小；②叶片向上斜生，叶片之间不易遮光；③叶形椭圆或长椭圆，叶片较厚，大小适中；④嫩叶黄绿，老叶浓绿；⑤干粗芽壮，育芽能力强；⑥光合能力强，呼吸消耗低，净光合作用大的品种积累物质的能力强，生产力高。

（二）茶园机械化

茶产业属于劳动密集型产业，同时生产的季节性特强，季节性劳动力需求较大，随着经济的发展，农村劳动力逐渐向城镇第三产业转移，尤其许多经济落后的边远山区劳动力输出和转移较大，劳动力缺乏已是许多茶区面临的问题。茶园作业主要有土壤开垦、茶苗种植、中耕除草、茶园施肥、树体修剪、病虫害防治、鲜叶采摘、茶园灌溉，以及鲜叶、肥料等物质的运送作业等。为了有效提高劳动生产率，茶园机械化作业必须大力发展，以做到栽培管理机械化。用机械完成上述作业，既能减轻劳动强度，又能抢农时，减少损失，为茶树生长发育创造条件，促进茶叶优质、高产、高效（权启爱，2020）。要根据实际情况，在创建标准茶园时考虑或满足茶园机械化操作的要求，如选取适应的茶树良种、开垦等高的梯面、合理安排道路的设置、科学设置茶行的宽度等。

实现茶园机械化，可以降低劳动强度，提高劳动效率，缓解劳动力不足的矛盾。

（三）茶园园林化

园林化是茶产业发展的一个新的增长点，茶树观赏栽培前景喜人，值得创新发展。园区茶树一般呈带状栽植，为打破传统茶园单一茶树的种植模式，可适当在各条距中间种植观赏价值较高的树木；可根据园区地形地貌，在水沟、塘边、水渠、道路及园间空地，人为营造防护林、防风林；茶园四周，可通过树木间作，有效地提高绿地覆盖率，保持园区的原生态，明显改变园区微域气候，对茶树生长和茶叶品质十分有利；做到新建茶园相对集中，或在现有茶园的基础上，通过改造、扩建新茶园，使茶园连片、茶行成条，适应专业化和集约化经营管理；美化园区生态环境，建立现代化标准茶园，努力创建"世外茶园"。

（四）茶园生态化

茶叶品质的好坏，除了与茶树品种、加工技术相关，也与茶园的生态环境有着密切关系。世界上主要产茶国都把改善茶园的生态环境、提高茶叶品质作为推动茶产业升级发展的重要举措。运用生态学原理，以茶树为核心，因地制宜地利用光、热、水、土、气等生态条件，合理配置茶园生态系统，提高太阳能和生物能的利用率，促进茶园生态系统内物质和能量的循环，能提高茶树生产能力。秉持因地制宜、全面规划、统一安排、连片集中、合理布局原则，充分利用茶树四季常青的特征，在沟边、地角、池（塘）边、园区周边植树造林，创建"桂花茶园""樱花茶园""梅花茶园""红叶石楠茶园"等等，可以美化园区生态环境，实现山、水、林、路综合治理。园区内也可规划设计一些趣味性强、深含茶文化的茶坛，如"八卦茶坛""TEA 茶坛""茶字茶坛""双囍茶坛"等等。创新设计，使其既是茶园，又是花园。

（五）茶园水利化

水是命脉，茶树对水分特别敏感，水是树体的最大组成，决定茶树的长势。建园时要广辟水源，积极兴建水利设施（图 1-1），因地制宜发展灌溉，不断提高应对水旱灾害的能力，彻底改变传统茶园靠天种茶的局面。茶园水利化包括保水、蓄水、灌水，关系到保土、保肥，核心是解决"水"。水解决了，土肥就保住了。标准茶园

图 1-1　园区水利设施

应有利于水土保持，园区内应有沟渠、蓄水池等水利设施，可在低洼地段开挖蓄水池，使园区力求做到降水时能蓄能排，干旱需水时能引水灌溉；做到小雨、中雨水不出园，大雨、暴雨不流失土壤。建园时，不要过量破坏自然植被，以防水土流失。

（六）茶园栽培科学化

合理垦殖，采用优质良种，合理种植，改良土壤，在重施有机肥的基础上适施化肥；根据茶树生育特性，适时巧施水肥，满足茶树对养分的需求；掌握病虫害发生规律，采取综合措施，严控病虫为害；正确运用剪采技术，培养丰产树冠，使茶树沿着合理生育进程发展。总之，在栽培上的所有技术措施都必须根据茶树生长发育规律进行，最终达到标准茶园优质、高产、低成本、高效益的目的（骆耀平，2015）。

上述 6 个方面，是标准茶园建设的要求，均属于茶园基本建设范畴。达到这些要求，才能为茶园实现优质高产奠定基础。具体将在以后有关章节分别阐述。

第二章

园地选择

茶树，是一次栽植，多年发芽采收，而且是连年旺发的高效经济树种，园地选择起着至关重要的作用。茶树的生长发育与外界条件密切相关，不断改善和满足外界条件的需要，能有效地促进茶树的生长发育，达到早成园和优质高产的栽培目的。为此，建园时必须高度重视园地条件。

一、土壤条件

茶树系深根作物，土壤是茶树立地之本，茶树生长优劣与土壤条件关系密切，只有选择好适宜的土壤，才能有效促进茶树生长，增强茶树抗旱、抗寒能力，达到枝叶繁茂的目的。根据茶树生长习性，以选择自然肥力高、土层深厚、质地疏松、通气性良好、土体中又无隔土层、不积水、腐殖质含高、养分丰富而平衡的土地建立茶园为宜（表2-1）。标准茶园土壤的物理性质指标：①有效土层深度>80 cm；②质地为壤土—黏壤土（夹带砾石）；③容重方面，耕作层为1.0~1.2 g/cm³；土壤容重（心土与底土）为1.2~1.4 g/cm³；④耕作层的固：液：气三项比约为50：30：20；⑤透水系数为0.001 cm/s。

表2-1 标准茶园土壤肥力要求

指标	要求
有效土层深度	>80 cm
平均有机质含量（0~45 cm）	>15 g/kg
平均全氮含量（0~45 cm）	>0.8 g/kg

续表

指标	要求
平均有效氮含量（0~45 cm）	>80 mg/kg
平均有效钾含量（0~45 cm）	>80 mg/kg
平均有效磷含量（0~45 cm）	>10 mg/kg
平均有效锌含量（0~45 cm）	1~5 mg/kg
平均有效铝含量（0~45 cm）	3~5 cmol（1/3Al^{3+}）/kg
平均交换性钙（0~45 cm）	<5 cmol（1/3Ca^{+}）/kg
土壤容重（耕作层）	1.0~1.2 g/cm
土壤容重（心土与底土）	1.2~1.4 g/cm^3
土壤孔隙度（表土）	50%~60%
土壤孔隙度（心土与底土）	45%~55%
平均透水系数（0~45 cm）	0.001 cm/s

资料来源：《中国茶树栽培学》（杨亚军，2005）。

需要特别指出的是，依茶树种性，它是一种喜酸嫌钙性植物，对土壤酸碱度的要求特别严格，在中性或碱性土壤中都难以成活。园地选择之前，首先应调查和检测土壤 pH 值。土壤呈酸性或微酸性、pH 值 4.0~5.5，一般有映山红、马尾松、铁芒萁等酸性指示植物生长的区域都适合茶树生长。当土壤中游离碳酸钙超过 1.5% 时，就会对茶树产生一定程度的危害，因此，凡石灰性紫色土和石灰性冲积土都不适宜种茶。非石灰岩发育的成土，有机质含量在 1.5% 以上，全氮含量 0.1% 以上。土壤宜为壤土、砂壤土或黏壤土，土质疏松，结构良好，土层深度在 0.8 m 以上，地下水位在 0.8 m 以下。新开垦的结构差、肥力低的荒地，宜先种植绿肥以改良土壤。

二、地形地势条件

茶树适宜温湿气候，在进行茶园园地选择时，宜选择山地和丘陵的平地和缓坡地，附近应水源较丰富、生态环境较好。在山高风大的西北向坡地或深谷低地，冷空气聚集的地方发展茶园，易遭受冻害，而南坡高山茶园则往往易受旱害。江北茶区海拔超过 600 m 的山坡地，也易受冻害影响，风险较大。坡度在 25° 以下的山坡或丘陵地都可种茶，尤其以 10°～20° 起伏较小的缓坡地较为理想，使用乘用式茶园管理机械的标准茶园要求茶园倾斜度小于 5°（8%）。在我国北部和沿海地带开发茶园时，选择有防护林的区块更具有重要意义。

三、气候条件

地域年降水量 1 200 mm 以上，年均气温大于 10 ℃，活动积温在 3 500 ℃以上。

四、其他条件

为达到能生产绿色产品或有机（天然）产品的环境要求，茶园周围至少 5 km 范围，应没有排放有害物质的工厂、矿山等；空气、土壤、水源无污染，与一般生产茶园、大田作物、居民生活区的距离在 1 km 以上，且有隔离带。此外，亦应考虑水源、交通、劳动力、制茶用燃料、可开辟的有机肥源以及畜禽的饲料等因素。尽管一些深山老林的条件十分优越，但交通不便，茶园管理、采收、加工、运输等都不方便，也不宜发展种茶。

园地的选择，既要考虑茶树生长对环境的要求，又要全面分析周边环境对茶树的影响，以及生产、加工、运输方便等诸多因素，必要时进行综合评估，最终进行选定。

第三章

园区规划设计

新建茶园是一项基本建设，要特别讲究质量。根据建园的目标、茶树自身的生育规律及所需的环境条件，做好茶园规划，是标准茶园建设的重要基础。

一、规划设计的重要性

茶树为多年生常绿植物，其经济年龄可达四五十年以上。由于建设的基础工作对以后产出会带来很大影响，在进行园地规划与设计时，要严格以生态学原理和生态学规律为依据，根据茶树自身的生育规律及所需的环境条件，做好园地选择和茶园规划工作。这是标准茶园建设的重要基础。

二、规划设计的指导思想

新垦茶园的荒山地形一般比较复杂，在准备开辟茶园的地段范围内，往往山势高矮、坡度大小、土壤条件和小气候等都有差异。因此必须做好规划，因地制宜地合理利用土地，凡是坡度在 25° 以内、土层深厚、土壤酸性、比较集中成片的，可划为茶区，把宜茶土地尽量建成茶园；坡度过陡（＞25°）和山顶、山脊宜划为道路、林、牧区；低洼的凹地或有水源之地设置蓄水池（塘）。居住点和畜圈附近比较平坦的地块，可种植蔬菜、饲料等作物；沟边、路旁和房屋前后要多种树木。茶区面积较大的，为了便于生产管理，应根据地形、地势的具体情况，分区划片，合理布置茶行和茶树品种，注意经济用地，修建房屋、道路和排蓄水系统，尽可能少占好地。

三、规划设计的主要内容

一是需要对园地进行全面测量，绘制规划设计图（1 000～2 000倍地形图）或园地示意图，并经实地校正，必要时进行科学论证，广泛听取各方意见，尽量使茶园规划做得合理和完善。在规划过程中，需按照实际情况，把茶、林、道、渠、池有机地结合起来，对区块的划分，道路网、排灌系统、行道树、绿化带（茶坛）、景观区、防风林等的设置进行全面考虑。二是需要详细调查种茶地段每个山头、每一区块的土壤、地势、地形、水源和林木分布情况，绘制草图，制订好综合治理规划，力求把茶、林、渠、塘、道等有机地结合起来，做到既与整个农田基本建设规划相联系，又能适应机械化需求，便于茶园管理，提高土地的利用率。园地规划设计的主要内容包括：路网设置、划区分块、排蓄水系统设置、防护林设置等等。

四、路网设置

茶园的道路分为主干道、景观道、支道、步道、地头道和环园道，互相连接组成道路网。为便于茶园管理和交通运输，应根据需要设置不同规格的道路。茶园道路是茶园的"脸面"，尤其是在主干道或景观道植树造林，会让人赏心悦目。

　　路网道路的设置，要便于园地的管理，确保运输畅通，尽量缩短路程，减少弯路。为了少占用土地，应尽可能做到路、沟结合，以排水沟的堤坎作道路。据各地的经验，道路控制在占场地总面积的 5% 左右较为适宜。茶园开垦之前就要划定支道、步道的位置，然后边开垦，边筑路。如果修好梯地之后再筑路，容易打乱茶行、毁坏梯地，造成损失。

（一）主 干 道

　　面积在 50 hm² 以上的标准茶园要设主干道。作为连接各生产区、制茶厂、场（园）的交通要道，主干道既是各生产区的纽带，同时也与外部公路相衔接，要求能通行汽车和拖拉机。一般要求路宽 8～10 m，纵向坡度小于 6°，转弯处的曲率半径不小于 15 m，能供两辆卡车相向行驶。面积在 50 hm² 以下的茶园，一般不必设置主干道，但需将场部与附近公路连接，应按主干道规格修筑。小丘陵地的主干道应设在山脊。纵坡 16° 以上的坡地茶园，主干道应呈"S"形。在主干道两侧应开设排水沟，并种植以常绿乔木为主的行道树，以美化生态环境。

（二）景 观 道

　　随着生态茶园的兴起与发展，景观的设计成为茶园建设的关键。而标准茶园应进一步发挥生产功能、旅游功能、示范功能和生态功能等。

　　景观道一般设在园区的主要区块，作为观赏园区景色，连同绿化带宽 10～12 m。可根据需要，设置景观亭、茶坛、茶文化长廊、观光台、旅游平台等。

（三）支　　道

支道是茶园划区分片的分界线，是茶园内运输、机具操作和小型机具行驶的主要道路，其宽度以能通行手扶拖拉机和人力车为准，一般宽 4～5 m。每隔 300～400 m 设 1 条，纵面坡度小于 8°，转弯处曲率半径不小于 10 m。有主干道的茶园，主干道应尽量与支道垂直相接，并与茶行平行，路边同样应开设排水沟和植树绿化。面积较小的茶园，因不设立主干道，支道实际上成为园区的主干道。

（四）步　　道

步道也称园内操作道，是从支道或主干道通向茶园地块的道路，与茶行垂直或成一定角度，作为下地作业与运送肥料、鲜叶等物资进出茶园使用。步道一般间隔 50～60 m 设 1 条，是茶园地块和梯层间的人行道，宽 1.5～2.0 m，纵面坡度小于 15°，路边开挖排水沟。

坡度较大处的支道、步道修成"S"形缓路迂回而上，可减少水土冲刷并便于行走，路边的排水沟可引入园内，有利水土保持。坡度在 10° 以下的缓坡步道不必修"S"形而可开成直道。

（五）地　头　道

地头道供大型作业机调头用，设在茶行两端，路面宽度为 8～10 m。就进入茶园路口的倾斜角度而言，从公路到茶园的入口道路应尽量减少台阶或者做成小于 15° 的缓慢坡度。

（六）环　园　道

环园道设在园区四周的边缘，作为茶园与周围农田、山林及其他种植区的分界线，可以防止水土流失，避免园外的树根、竹鞭等侵入茶园。环园道可与主干道、支道、步道相结合，故路面宽度不完全一致。专设的环园道一般宽为 1.5～2.0 m。上方根据地貌开挖不同宽度的排水沟（又称隔离沟、截洪沟），并引入园区的蓄水塘（池）。

地势起伏不大的茶园，最好沿着分水岭修筑干道；山势较陡的茶园，宜在山腰偏下部修建干道，路面中间宜略高，两旁要有排水沟，并修好涵洞，以免雨水冲毁路面。

五、划区分块

茶园的划区分块常以道路为界线，目的是便于管理。可根据茶园面积及地形情况，将全部园地划分为若干生产作业区，作为一个综合的经营单位。每个生产作业区，又可按自然地形或将地形有明显变化的地块分别划分为若干片。每片结合茶园面积大小，再划分为若干块。划片是为了便于田间管理和茶行布置，如一个独立的自然地形或一个山头，可以划成一片。在一片茶园中又可分若干块，这对茶园地块的定额管理，以及产量、肥料、农药等各项指标和措施的落实都是必要的工作。平地和缓坡地的茶园地块，应尽可能划成长方形或近长方形，适当延长地块长度，以利机械操作。确定茶园地块大小，主要从茶园管理是否方便，地形条件是否复杂进行综合考虑，一块茶园的面积，从机器运进或运出的劳动力来考虑，最低需要集中 30 亩为宜。坡度在 25° 以上的作为林地，或用于建设蓄水池、有机肥无害化处理池等用途；一些土层贫瘠的荒地和碱性较强的地块，如原为屋基、墓地、渍水的沟谷地及常有地表径流通过的湿地，不适宜种茶，可划为绿肥基地；一些低洼的凹地可划为蓄水池。

六、排蓄水系统设置

茶树是叶用作物，对水分多寡特别敏感。在茶树生长发育过程中，尤其在茶季，需要较多的水分和较高的湿度，因此在有明显旱季的茶区，干旱往往成为限制茶叶产量和品质的主要因子，蓄水系统显得尤为重要。在山区和丘陵地区的茶园遇多雨季节，如不能及时排水，常常会冲垮梯级，流失表土；地势低处又易渍水，造成茶树湿害。所以设计标准茶园时，水利设施既要考虑多雨能蓄、涝时能排、缺水能灌，又要尽量减少或避免土壤流失。

目前，多数茶园没有水利设施，靠天种茶十分普遍；茶园多在山区或半山区，加强水土保持工作尤为重要。鉴于以上，涵养水源、提高湿度、调节气候，可改变茶园的微域气候，避免或减轻茶树遭受自然灾害，同时还能美化园区。

标准茶园合理的沟渠系统要求蓄排结合，其中平地或低洼茶园应以排水为主，坡地及梯级茶园应以蓄水为主，做到"平地或低洼茶园不渍水；坡地、梯级茶园小雨、中雨水不出园，大雨、暴雨水不冲园，遇旱需水水进园"。根据多年来群众的实践经验，掌握排蓄兼顾的原则，建立一套由隔离沟、纵水沟、横水沟、沉沙池、蓄水池等组成的排蓄水系统，既可防止雨水径流冲刷茶园土壤，又可蓄水抗旱和解决施肥、喷药用水，这样就可变水害为水利。具体而言，茶园的水利系统包括蓄、排、灌 3 个方面，应结合茶园路网的规划，把沟、渠等水利设施统一规划，统一安排，做到沟渠相通，渠、塘、池、库相互连接；贮水、输水及提水设备要紧密衔接；水利网设置不能妨碍茶园耕作管理与机具行驶。要考虑现代化灌溉工程设施的要求；具体实施时，可请水利方面的专业技术人员协助设计。小型积水池见图 3-1，茶园蓄水塘见图 3-2。

图 3-1 小型积水池

图 3-2 茶园蓄水塘

22

（一）隔　离　沟

隔离沟又称拦山堰、截洪沟，设在茶园上方与林地、荒山及其他耕地交界的地方，其作用是避免树根、竹鞭、杂草等侵入园内，同时也隔绝山坡上的雨水径流，使之不能侵入茶园和冲刷土壤。隔离沟一般深 50～100 cm、宽 40～60 cm，沟内每隔 5～10 m 筑 1 个堤坝，堤坝宜低于路面，拦蓄雨水及泥沙；雨水太多时，由坝面流出，减缓径流。隔离沟通常横向设置，两端与天然沟渠相连或开人工堰沟，目的是把水排入蓄水塘堰、池或水库，避免山洪冲毁山脚下的农田。

（二）纵　水　沟

纵水沟的主要作用是排出茶园内多余的水分，通常设在各片茶园之间、道路两侧，或一片茶园中地形较低的集水线处，顺坡向设置。纵水沟应尽量利用原有的山溪沟渠，不足时可再修一些。纵水沟可沿茶园步道两侧设置，要求迂回曲折，避免直上直下。在坡度较大的地方，纵水沟的大小视地形和排水量而定，以大雨时排水畅通为原则，沟壁可蓄留草皮或种植蓄根性绿肥，以防水沟垮塌。纵水沟应通向水池或堰塘，以便蓄水。

（三）横　水　沟

横水沟又称背沟，在茶地内与茶行平行设置，与纵水沟相连。其作用主要是蓄积雨水浸润茶地，并将多余的水排出纵水沟。坡地茶园每隔 10 行开 1 条横水沟。梯式茶园在每台梯地的内侧开 1 条横水沟，沟深 20 cm、宽 33 cm 左右。在较长的横水沟内，每隔

8～10 m 筑 1 个小土埂或挖 1 个小坑（即竹节沟），以便拦蓄部分雨水，使之渗入土中，供茶树吸收利用。横水沟可减少表土随水流失，做到小雨不出园，大雨保泥沙，是有效的茶园蓄水方式。

（四）沉沙池

在纵沟中每隔 10～50 m 挖一个沉沙坑，深、宽各 30～45 cm，长 60～70 cm，其作用是沉沙走水，保土保肥，并可减缓水流速度。如果坡度陡、水量大、土质疏松，应多挖一些沉沙坑。在横水沟和纵水沟交接处，以及梯级纵水沟的流水降落处，都要挖 1 个沉沙坑。道路两侧纵水沟中的沉沙坑要错开位置，以免影响路基的牢固，大雨后要经常把沉沙坑中的泥沙挖起，挑回茶园培土。

（五）蓄水池

蓄水池供茶园施肥、喷药、灌溉之用，一般每 30～40 亩茶园要有一个蓄水池（50～60 m³）。水池与排水沟相连接，进水口挖一个沉沙坑，以免池内淤积泥沙。最好在水池附近修一个肥料池，以便取水沤泡青草肥。对于规模较大的茶场或茶园，还应修建山湾塘堰，以保证生产和生活用水。山湾塘堰最好设在地势较高的地方，以便于自流灌溉。

（六）水库、塘、池

根据茶园面积大小，茶园应有一定的水量贮藏。在园区内开设塘、池（包括粪池）贮水待用。地下水位高的茶地，要开排除积水的水沟。这种水沟分明沟和暗沟，明沟的沟深要超过 1 m，暗沟则在 1 m 以下的土层中，按照自然地形，用石块或砖块砌成。有的地方在上述砌沟部位，铺上卵石或碎砖头，隔离地下水，达到排水良好的目的。

（七）竹 节 沟

竹节沟（图3-3）是梯级茶园内必须设立的节水沟，由于梯地水土流失比较严重，保水、积水性能又差，在修梯时每梯内侧应开设横水沟。横水沟的深度与宽度，可依据梯面宽度而定。一般沟宽30～40 cm，深20～30 cm，每隔5～10 m筑1个土埂，土埂略低于路面。如设置竹节沟能有效地拦截地面径流，将雨水蓄积于沟内，再徐徐渗入土壤中，是园区有效的蓄水方式。竹节沟能够有力减少雨水径流，保持水土，使各组成部分互相联系贯通，做到能排、能蓄、能灌。

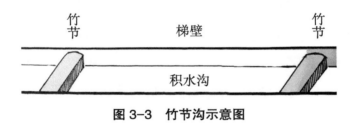

图3-3　竹节沟示意图

七、防护林设置

防护林在创建标准茶园时尤显重要。它可以有效防止或减缓地表径流，保持水土，特别是在一些山地茶园尤为明显；可以提高茶园的湿度，改善园区气候，冬季减轻大风和严寒的侵袭，夏季增加空气湿度，减少茶地水分的蒸发，有利于茶树生长，提高茶叶产量和质量。园区通过扩大森林的覆盖率，增加森林的截流作用和下渗作用，既可以增加茶园水分散失的方式，也能增加茶园的生物多样性，改变生态环境。

防护林一般种在茶园周围、路旁、沟边、池（塘）边、陡坡、山顶以及山口迎风的地方。防护林的树种要高干树和矮干树搭配，最好选择能适应当地气候条件，生长较快并有一定经济价值的树木。一般采用杉木、油茶、桂花、油桐、乌桕、女贞、香樟、棕榈、杜英、樱花、红叶石楠、银杏、柿树等作为防护林木。在夏季日照强烈、常有伏旱发生的地区，还应在茶园梯坎和人行道上适当栽种一些遮阴树。但不可栽种过密，更不能种在茶行里，树冠应高出地面2.5 m 以上，以免妨碍茶树的生长。

具体而言，在游憩观赏区，可以多选择与茶文化主题相符合的植物，尽量做到四季有景、季季有花的景观效果。其中，春季宜赏樱花类、海棠类、碧桃、迎春、玉兰、红叶石楠；夏季宜赏芭蕉、紫薇、木槿、含笑、合欢、荷花；秋季宜赏银杏、红枫、栾树、鸡爪槭、枫香、桂花；冬季宜以茶树观赏为主，搭配松、柏、竹、梅。

第四章

园地开垦与施肥

茶树是多年生的常绿作物，经济年限长，种植之后少则几十年，多则上百年，可在同一地点生长发育，能为人们提供源源不断的经济收入。因此，在茶园建设之初，就必须打好基础。

一、两个基础

创建标准茶园必须打好两个基础。一是"土"的基础，即土层深度必须达到 80 cm 以上，建园后使其具有良好的保肥、保水、保温性能，微生物种群丰富，茶树抗逆性强，达到根深叶茂的目的。二是"树"的基础，这是茶树优质高产高效的基础，任何其他农业技术都无法替代，包括选择优良的当家品种与搭配品种、合理种植、精细培养树冠骨架等。

二、园地开垦

园地开垦是标准茶园建设质量高低的关键工程。在园地开垦时，必须以水土保持为中心，采取正确的基础设施和农业技术措施，具体步骤如下。

（一）地面清理

在开垦前，首先需进行地面清理，对园区内的坟堆、杂树、竹鞭、杂草进行全面清除，尤其对坟堆要争取全面迁移，并于迁移后拆除坟堆的砖、石，清除混有石灰的坟地碱性土壤，在坟墓所处地段施入适量的硫黄粉，以降低碱性、调节土壤 pH 值，保证植茶后茶树生长一致。地面清理过程中，需要注意保留园区内的名贵树木。

（二）平地与缓坡地开垦

园地开垦是创造标准茶园优质、高产的基础工程。只有根深才能叶茂，才能获得优质高产。我国茶区降水多，且暴雨发生次数多，园地开垦不当，水土冲刷较为严重。因此，在园地开垦时，必须以水土保持为中心，建造适宜的基础设施，采取适宜的农业技术措施。

平地与坡度 15° 以内的缓坡地，宜用大型挖掘机进行开垦（图 4-1），并用履带式拖拉机挂推土设备平整地面。坡度大于 15° 的山坡地宜用人工开垦水平梯田。开垦深度要求 80 cm 以上。如遇石块可随地深埋 1 m 以下或清理出园；树桩、竹鞭、蕨根、茅根、金刚刺等恶性杂木、杂草等，切勿深埋，以免留下地块下陷的隐患。机垦时必须配备 1 位专业质检员，负责监管开垦质量，切勿漏挖浅挖，力求深浅一致，地面要求碎土整平。初垦一年四季均可进行，其中以夏、冬季更佳，利用烈日暴晒或严寒冰冻，促使开垦土壤风

图 4-1　采用大型挖掘机开垦茶园

化，疏松土质，杀死土壤中的大部分虫卵。

（三）人工复垦

对机垦地块应用人工整平整细，并将残留在表土层的树桩、竹鞭、杂草、乱石等及时清理出园。复垦宜在茶树种植前进行，深度30～40 cm。复垦应尽可能把土块打碎整平，以利种植。

（四）陡坡梯级茶园开垦

在 15°以上的陡坡地带开辟茶园，同样要在清理地面基础上，采用水平测量仪（图 4-2）测量水平线（图 4-3），并用竹签插上标志。然后采用挖掘机或人工自上而下修筑水平梯田（图 4-4），梯级茶园横断面见图 4-5。水平梯田要求外高内低，有利于水土保持，并在内侧建筑竹节沟。

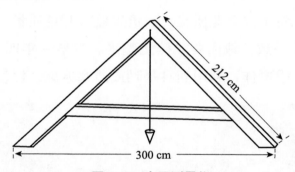

图 4-2　水平测量仪

图 4-3　测量水平线

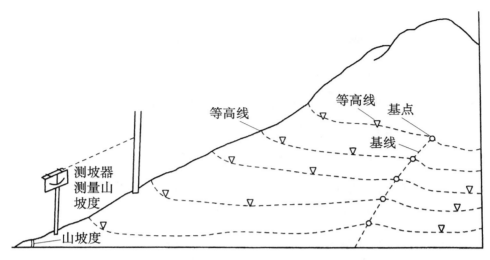

图4-4 测量等高线、自上而下修筑水平梯田

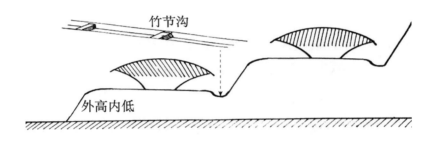

图4-5 梯级茶园横断面

对于一些起伏不是很大的坡地（小山坡），可参照图4-6进行开垦。操作步骤依次如下：将表土堆在一边；把底土填入低处；将表土覆在上面，最后形成改造后的缓坡地。

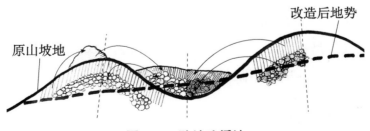

图4-6 陡坡改缓坡

（五）茶行设置

茶树的经济树龄一般为 40～50 年，种植规格尽可能标准化，为茶园管理作业的机械化、科学化、标准化打下基础。种植规格是指茶园中茶树行距、株距（丛距）及每丛定苗数。一般中小叶种多采用 150 cm×33 cm（行距 × 丛距），每丛定苗 2～3 株，每亩 2 500～7 000 株。为了加强科学管理（田间作业、定额管理、田间试验等），茶行长度可设定为 45 m，即每行 1 分（1 分≈67 m²，下同）或 67 m，即 1.5 分茶地。我国华南茶区一般种植大叶种，种植密度一般行距 150～180 cm，丛（株）距 45～50 cm，单株种植，每亩在 1 000 株以下。

有的地区为了早成园、早投产，建立多条栽茶园，但是随着年限的持续，由于树体密集，常导致茶树个体生长的削弱、后期产量下降，茶树生势呈现下降的趋势。

不同类型的茶树品种，由于树型、树姿、分枝习性等的差别，其种植密度也应有所不同。如小乔木型的云南大叶种，其行距、丛距要适当放宽，行距应放宽至 180 cm，丛距 40 cm 左右；灌木型的中小叶种，行距、丛距以 150 cm×33 cm，每丛定苗 2～3 株为宜。

综上所述，从各地种植规格和密度来看，合理密植是茶叶增产的重要条件之一。在同一条件下，茶叶产量虽随着种植密度的增加而增加，但不是按比例而增加的，如种植密度超过一定限度，其增产效应不明显，甚至有下降的趋势。

（六）开挖种植沟

开沟前对深翻地必须把地整细整平，平整地面后，按规定行距开挖种植沟（图4-7）。如人工开挖，必须拉线或设置明显标识。如用小型挖掘机，也必须有标识。沟宽30～50 cm（单行种植为30 cm，双行种植为50 cm），深30～40 cm。

图4-7　种植沟

三、施足底肥

底肥是指开辟新茶园或改种换植时施入的肥料，是幼龄茶树良好生长的根底。由于底层土壤肥力低，结构紧结，微生物种群少，底肥的主要作用是增加茶园土壤深层（40 cm以下）有机质，改良土壤理化性能，快速改善底层土质，促进土壤熟化。特别是伴随施入大量的有机肥，使土壤中微生物群落繁衍，从而通过微生物对有机肥的分解，促进土壤物理性能和化学性能的改良，使土壤孔隙率增加到50%，容重下降到1.0～1.2 g/m³，形成良好的团粒结构。这不仅能为茶树生长提供良好的水、肥、气、热条件，大大提高土壤肥力，诱导茶树根系向深层延伸（因根系具有趋肥特性），还为茶树根系的扩展创造良好的生态环境，达到根深叶茂的目的。综上，为以后茶树生长、优质高产创造良好的土壤条件，同时也为茶树提高抗逆性创造条件。一般开沟施纯动物源有机肥约 1 000 kg/ 亩，或饼肥 200～300 kg/ 亩，或复合肥（N-P-K：18：8：12）75～100 kg/ 亩。另配施过磷酸钙或钙镁磷肥 65～75 kg/ 亩，施后立即覆土，整细整平，为种植苗木创造优质土壤条件。如单行种植，沟宽为 30 cm 左右；如双行种植，沟宽 50 cm 左右（图 4-8）。

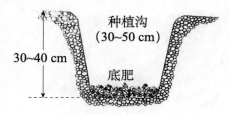

图 4-8　种植沟施底肥示意图

第五章

高标准种植技术

园地选择、规划设计、园地开垦、开沟施足底肥完成后，茶园栽培进入茶树种植阶段。茶树种植主要指茶苗移栽的过程，包括茶苗移栽和茶籽直播两种方式。目前，各地发展的新茶园多用无性系茶苗，即集中育苗，用扦插繁育的茶苗进行移栽。然而有一些地区，由于交通不便、种植茶苗投资成本高，或高山气温低，冬季经常发生灾害，仍选择茶籽直播的方式。不合理的种植方法，不仅影响茶苗成活率，也影响茶树快速生长和成园风貌。

为保证移栽茶苗的成活率，除了掌握农时季节，还要严格提高栽植技术。遵循标准茶园精细耕作的方法栽种茶树，对种植后茶树成活、快速成龄、旺盛生长有很大影响，也是获得茶叶优质高产的先决条件。种植是标准茶园"种"的另一个基础关，务必认真对待，主要是种植时间、精选苗木、种植规格和种植技术等方面。

一、茶苗种植

在园地选择与园地规划、开垦完成后，进入茶树种植阶段，包括种植前施足底肥以后，应遵循精耕细作的方法栽种茶树，是获得茶叶优质高产的先决条件。

（一）种植时间

确定移植最适时期的依据，一是看茶树生长时间，二是看当地的气候条件。当茶树地上部芽叶进入休眠阶段，选择空气湿度大、土壤含水量高和阳光不是很强的时期移植茶苗最适合。上述条件同时具备时，在长江流域一带的广大茶区，秋末冬初（10月底至11月中旬）或翌年早春萌芽前（2月中下旬）为移栽茶苗的最适时期。晚秋移植，地上部虽进入休眠期，而根系正处年生长最高峰，植后根系能尽快伸展新根，经越冬，翌年春天即可正常生长。但若在冬季常有干旱或严重冰冻的地区，则以早春移栽为宜。我国南方茶区（广东、云南等省）因干湿期明显，芒种至小暑（6月初至7月下旬）进入雨季，为移栽茶苗的适期；海南岛以7—9月移栽为佳。故移栽最适期主要依据当地的气候条件决定，具体时间以在当地适期范围内适当提早为好。因为提早移栽，茶苗地上部处休眠阶段或生长缓慢时期，使移栽过程损伤的根系有一个较长的恢复时期，并尽快生根成活。秋季种的茶苗一经成活，经过冬季和早春寒冷锻炼，其抗逆性明显胜过春季种的茶苗。

（二）精选苗木

茶苗质量的好坏与移栽后的成活率和生长密切相关。健壮的茶苗，根系发达，主干较粗，移栽成活率较高；反之，则较低。理想的茶苗，中小叶种茶树以苗高30 cm左右，并具有1~2个分枝，主茎粗达3 mm以上，根系生长发育良好的1足龄苗为宜。管理水平较高的苗圃，当年育苗当年即可出圃移栽。而在华南茶区，由于生长期较长，且为乔木或半乔木的大叶种，1年生苗高就可超过50 cm，主茎粗可达5 mm左右。无性系茶树种苗国家标准详见表5-1、表5-2。

表5-1　无性系中小叶品种苗木质量标准

级别	苗高（cm）	茎粗（mm）	侧根数（根）	品种纯度（%）
Ⅰ	≥30	≥3.0	≥3	100
Ⅱ	≥20	≥2.0	≥2	100

资料来源：《茶树种苗》（GB　11767—2003）。

表5-2　无性系大叶品种扦插苗质量标准

级别	苗高（cm）	茎粗（mm）	侧根数（根）	品种纯度（%）
Ⅰ	≥30	≥4.0	≥3	100
Ⅱ	≥25	≥2.5	≥2	100

资料来源：《茶树种苗》（GB　11767—2003）。

根据中小叶品种苗木质量标准，选择生长健壮、苗高30 cm以上、茎粗3 mm以上、根系发达、无严重病虫为害的无性系茶苗进行定植。苗木规格必须一致，起苗时尽量少伤根多带土。苗木质量检测可按表5-3比例抽样。

表5-3　苗木质量检测抽样比例

总苗数（株）	抽样株数（株）
≤5 000	40
5 001～10 000	50
10 001～50 000	100
50 001～100 000	200
≥100 000	300

资料来源：《茶树种苗》（GB　11767—2003）。

（三）种植规格

移栽与播种之前，先要确定种植的规格，以便决定所需用苗与用种量。种植规格是指茶园内茶树的行距、株距（丛距）及每丛所需苗木数，是"合理密植"的重要参数。"合理密植"就是使茶园内的茶树形成合理的群体密度，可以充分利用光能和土壤营养，正常地生长发育并达到高产优质的目的。种植规格直接影响茶园面貌、产量和机械化等。茶树的经济树龄可达40～50年，种植尽可能规格化，为标准茶园管理作业的机械化、科学化和标准化奠定"种"的基础。

　　根据各地条件，做到合理密植。密度范围因栽植区域、茶树品种、土壤营养和管理水平等不同有所差异。不同类型的茶树品种，由于树型、树姿、分枝习性等的差别，其种植密度也应有所不同。一般灌木型的中小叶种，茶园单行条列式种植，行距150 cm左右，丛距33 cm左右，每丛茶苗2～3株较为合适；如采用双行条栽种植，行距150～180 cm，丛距33～40 cm，每丛1～2株为佳；气候寒冷地区或高山茶地，培养矮型树冠以提高茶树抵御低温的性能，可适当增加种植密度。南方茶区如用半乔木型或树势高大的云南大叶种、水仙、梅占、福鼎大白茶茶树品种，可放宽行距160～180 cm，丛距40～50 cm，每丛1株。茶树种植形式见图5-1、图5-2、图5-3。

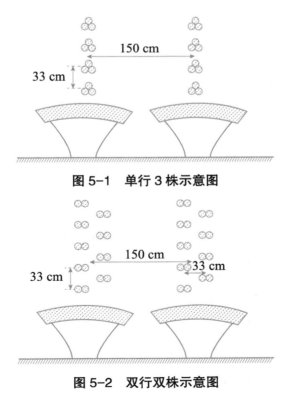

图5-1　单行3株示意图

图5-2　双行双株示意图

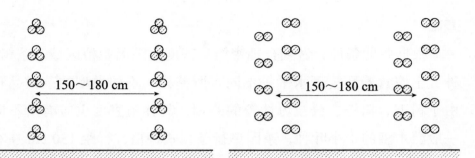

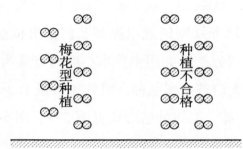

图5-3 茶苗标准化种植示意图

（四）种植技术

为提高茶苗移栽成活率，做到栽前起苗多带土，种植时掌握技术要领，栽后做好护苗工作至关重要。为了达到起苗多带土的目的，起苗前1～2 d，即应对苗圃灌1次水，使土壤湿润，减轻起苗时根系损伤。如土壤沙性太重，不易带上土，应在起苗后用黄泥浆水蘸根，以防根系失水。并尽量做到随起随栽，切忌风吹日晒，应贮藏在阴湿环境中，并定时对枝叶浇水。苗木如需长途运输，要相应地采取一些保护措施，可用湿草包扎根部，注意覆盖和洒水，防止发热和过度失水。如不能及时定植，可开沟假植。

茶树移栽定植在深耕平整土地后，先划线定行，对规模较大、集中成片且地势条件差异不大的新茶园，在茶行布局上做到相对一致，与路或沟平行，整齐美观，操作方便。对缓坡地段种植行的布局应掌握等高不等宽的原则，横向排列。

　　定植时放线开沟或挖穴（图5-4）。定植时，每丛茶苗应大小均匀，切不能同丛搭配大小苗（图5-5）。凡不符合规格的茶苗，可选一地块单独种植，加强培育。定植时，按原设定的种植沟拉好种植线，种植人员手持小锄头和标准尺，开挖种植沟或种植穴，深度稍大于茶苗根系。定植要做到直、匀、实。栽植时，一手扶直茶苗，一手将土填入穴中，土覆至不露根时，再用手将茶苗轻轻向上一提，使茶苗根系自然舒展，再把细土堆向根部，轻轻压实与土壤密接，待整行种好后，用脚轻轻在根际踏实。

图 5-4　开挖种植沟

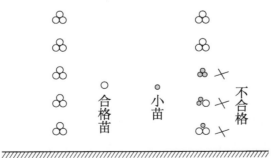

图 5-5　每丛茶苗大小均匀

41

（五）行间种植备用苗

由于目前多数苗床都设在肥水条件优良的水稻田，幼苗种植到山地上，成活率一般在 85% 左右。因此，为了翌年补苗需要，茶行中间分散（最好每隔 10 行左右在行间）种植 10%～15% 的补植苗，用作翌年就地补植同龄苗（图 5-6），达到就地取同龄苗补苗的目的，切勿选用小苗补植。

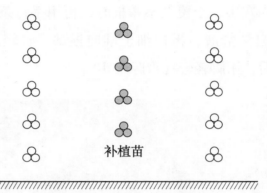

补植苗

图 5-6　种植补植苗示意图

（六）浇灌定根水

种后安排专人浇足浇透"定根水"，这主要由于土壤吸水膨胀，能与根系密切接触，诱导新根生长。这是提高茶苗成活率的又一关键技术。

（七）定型修剪

为了减少植株水分蒸腾，有利茶苗成活，移植后及时进行第一次定型修剪，高度 15～20 cm，以保留 3～4 片真叶为准。靠近根颈部萌发的枝条较上部粗壮，分枝角度也大，有利于树冠扩展。安排专人负责修剪，高度力求平整一致。

（八）平整地面

种植后全面整理地面（图5-7），疏松表土，清理石块、杂质。使行间稍高于茶行，以便雨水积于行间，有利于茶苗生根发芽。

图5-7　茶苗定植后平整地面

（九）铺草覆盖

为确保茶苗成活，茶行两边铺草覆盖（图5-8），以减少蒸发，保持土壤湿润，起到保温、防草、防旱、保墒的作用，也有利于增加表土层腐殖质。这是幼龄茶园的关键技术。

图5-8　铺草覆盖

（十）浇水防旱

种植后（图5-9）如出现连续晴好天气，一般间隔5～7 d浇水一次，每次浇水要注意浇透，使根际土壤保持湿润。

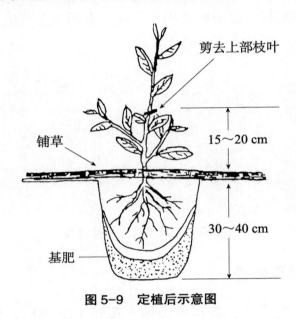

剪去上部枝叶

铺草

15～20 cm

30～40 cm

基肥

图5-9　定植后示意图

二、茶籽直播

茶籽直播是一种传统的种植方式，操作简便，成本也相对较低，适合大面积发展茶园。因此，在冬季寒冷的北部茶区和一些海拔较高、冬季气温较低的高山茶区适宜用茶籽直播。但是，茶籽直播的茶园，由于存在性状分离，很容易产生种性退化，如茶树个体间在株高、幅宽、萌芽期、叶片大小和色泽等方面存在差异。长江以南的茶区，已经不提倡种子直播，都使用优质无性系茶树品种。直播茶树主根明显，可深达 1 m 以上，抗逆性能强。茶籽直播应掌握以下要点。

（一）茶籽纯度

茶籽是有性系种子，纯度越高，茶苗的一致性较好，反之就较差。通常无性系良种茶园里的茶籽，其纯度大大优于有性系或群体种茶园的茶籽。直播茶籽应选择前者为好。

（二）播种时期

茶籽的播种期，除严寒冰冻外，一般从茶籽采收当年的 11 月至翌年 3 月均可播种。茶籽播种期与茶籽发芽率有着密切的关系，随着播种期的推迟，其发芽率有明显下降的趋势。但冬播比春播早出苗，成苗率高，并可减少茶籽贮藏工作量。春播所用的茶籽，在冬季贮藏期间应时刻加强检查，否则因管理不善会导致茶籽变质，降低茶籽生活力和发芽率。在不能冬播的情况下，也可采用春播，但播种时间不宜超过 3 月底。因为随着气温的升高，种子内的养分消耗加快，茶苗出土的时间也相应推迟，年生长量减少。出苗太晚的茶苗，遭遇夏秋季节高温烈日，容易被灼伤，造成缺株和生长参差不齐。春播的茶籽，在播种前最好用温水浸种，这不仅可起到选种作用，更重要的是可以缩短萌发时间。但是浸种必须掌握适宜的程度，浸种时间以 3～4 d 为宜，不宜过久；浸种的水温，维持在 25～30 ℃。在浸种基础上进行加温催芽，能收到更好的效果。但必须指出，催芽播种后，由于茶籽在整个萌发过程中需要较多的水分，播种后仍要求土壤保持一定湿度，才能有效地加速茶籽萌发出土。

（三）播种技术

1. 密度与深度

用茶籽直播，每公顷需用符合标准的茶籽 100～120 kg，按照确定的种植方式进行丛播或条播，播种密度可适当加大，有利于减少补苗及待间苗时可将不合格的茶苗间去。茶籽播种的深度，应根据当地气候、土壤有所区别。质地疏松、排水良好的土壤，播种深度以 5 cm 为宜；如土壤质地黏结，则 3 cm 也就够了。播种深浅与茶苗出土期、出苗率和幼苗的生长关系极为密切。播种太浅，由于茶籽与地面接近，土壤容易干燥，或因阵（暴）雨的淋击和冲刷，产生"露籽"现象，使茶籽失去发芽能力；如播种太深，则因覆土太厚，茶苗出土晚，且较纤弱，往往缺株较多，生长参差不齐。茶籽适当浅播，有利于幼苗生长。

2. 水分与温度

若遇在茶籽播种期间正值干旱少雨，播种前可在播种沟里浇足水分，然后播种茶籽，立即覆土；并在覆土后的地表上，做成高出地表 10～15 cm 的馒头形土埂，或者在覆土后铺上杂草、锯木屑、蕨类、糠壳、秸秆、稻草等覆盖，以保蓄水分，减少蒸发量。这对防止干旱，提高出苗率，达到苗全、苗齐、苗壮是一项简便易行的重要技术措施，适宜于播种时有旱情的地区采用。运用这一技术措施时，还应注意适时撒土或撒草。撒土或撒草选择在茶苗要破土出苗而尚未达到地表时较为理想。撒土或撒草后再配合遮阳技术（如采用遮阳网或者用简易的插枝），使茶苗出土后有一个良好的苗期生长环境，避免高温或强烈阳光引起灼伤，使茶苗生长效果更为理想。

3.标记与增播

播种后在播种行上应做好标记，有利于茶苗出土前除草或松土工作，避免损伤茶苗。此外，为了今后茶园补缺和提高补苗成活率，播种时最好每隔10~15行在行间增播1行茶籽，也可利用茶园周围的零星地块建立苗圃，达到就地取苗便于带土的目的，这样既节省劳力，又能提高补苗成活率。

第六章

茶树良种选用与搭配

选用何种品种，必须根据当地自然条件和茶类适制而定。我国茶树品种十分丰富，为适应各地生长和适制各大类茶叶提供了丰富的种质资源。茶树良种不仅对气候条件有一定要求，而且对土壤、地势及栽培条件也有各自的要求：有的品种适宜在平地或丘陵地区推广，有的品种适宜在高山栽培；有的品种树姿直立，分枝稀疏，顶端优势不强；有的品种育芽能力强，耐采摘；有的品种育芽能力弱，不耐采，这些生育特性都应掌握，以避免盲目性。目前推广的良种，以无性繁殖品种（无性系）为主，少数属于有性繁殖品种（有性群体种）。在同一自然区域内，一般有性繁殖系品种的适应性较强，耐瘠、耐采；而无性繁殖系品种的管理要求精细，对水肥条要求较高，产量、品质和效益均较好。

一、无性系茶树良种简介

自 1985 年到 2014 年全国茶树品种审（鉴）定委员会共审（认、鉴）定了 134 个国家级茶树品种，其中有性系群体种 17 个，无性系品种 117 个。2016 年新《中华人民共和国种子法》和 2017 年 5 月农业部《非主要农作物品种登记办法》实施以来，到 2023 年 6 月完成非主要农作物品种登记的茶树品种约 238 个，详细情况可参考陈亮等主编的《中国茶树品种资源志（上卷）——茶树登记品种》（该书计划于 2023 年出版）。根据品种特性及其适制茶类，下面列举部分主要推广品种。

绿茶：龙井 43、中茶 102、中茶 108、中茶 111、中茶 112、中茶 125、中茶 147、中茶 302、中茶 502、中茶 601、中茶 602、福鼎

大白茶、浙农 901、浙农 902、苏玉黄、鄂茶 1 号、陕茶 1 号、白毫早、玉笋、保靖黄金茶 1 号、湘茶研 3 号、湘波绿 2 号、中黄 1 号、中黄 3 号、白叶 1 号、中白 1 号、景白 2 号、碧云、龙井长叶等。

红茶：云抗 10 号、丹霞 1 号、英红 9 号、云茶红 1 号、云茶红 2 号、云茶红 3 号、佛香 3 号、湘红 3 号、湘茶研 8 号等。

乌龙茶：铁观音、黄金桂、瑞香、金牡丹、肉桂、福建水仙、大红袍、黄玫瑰、九龙袍、黄观音、茗科 1 号、紫牡丹、紫玫瑰、春闺、杏仁等。

（一）龙井长叶

龙井长叶是中国农业科学院茶叶研究所从龙井种中选育的国家级无性系良种。灌木型，中叶类，树姿较直立，分枝较密，育芽能力强。早芽种，在杭州地区 3 月底可达一芽一叶，芽叶黄绿色，茸毛较少，新梢持嫩性强，氨基酸含量高（4.1%），茶多酚含量适中（18.6%），适制绿茶，特别是龙井型等扁形名优绿茶，香气清高有兰花香，滋味鲜爽，品质优异。单产高，平均亩产 325 kg，抗寒、抗旱性强，扦插繁殖成活率高，适应性广，适宜在江南、江北绿茶区推广。

该品种树姿较直立，宜适当压低定剪高度，或采用双行双株条栽，需注意防治小绿叶蝉为害。

（二）龙井 43

龙井 43 是国家认定的无性系品种，由中国农业科学院茶叶研究所从龙井种中单株选育而成。灌木型，中叶类，特早生种。植株中等，树姿半开张，分枝密。芽叶纤细，绿稍带黄色，春梢叶柄基部有一淡红点，茸毛少，一芽三叶百芽重 39.0 g。芽叶生育力强，发芽整齐，耐采摘。春茶一芽二叶干样约含氨基酸 3.7%、茶多酚 18.5%、儿茶素总量 12.1%、咖啡碱 4.0%。产量高，每亩产量可达 300 kg。适制绿茶，制龙井茶、旗枪等扁形茶，品质优。制特级西湖龙井茶，外形扁平光滑、挺秀，色泽嫩绿，边缘糙米色，香气郁幽孕兰，滋味甘醇爽口，叶底嫩黄成朵。

抗寒性强，但抗高温和炭疽病较弱。扦插繁殖力强。适宜在长江南北绿茶茶区栽培。幼龄期生长缓慢，宜选择土层深厚、有机质丰富的土壤栽培。需分批及时嫩采。春季及时防治茶丽纹象和炭疽病，夏季防止高温灼伤。

（三）福鼎大白茶

福鼎大白茶是原产福建省福鼎市柏柳村的国家级无性系良种。小乔木型，中叶类，植株较高大，树姿半开张，分枝部位较高，密度中等。早芽种，在原产地一芽三叶盛期为 4 月上旬，芽叶肥壮，茸毛特多，氨基酸含量高（3%～4%），茶多酚含量适中（18.5%），适制绿茶、红茶和白茶，品质优异且稳定，尤其适制"茸毛类"的高档名茶，如"银针""白兰花"型名茶。单产高，平均亩产 250 kg，较耐寒、旱，扦插成活率高，适应性广，适宜在江南、江北绿茶区种植。

该品种育芽力和持嫩性强，新梢生长迅速，轮次多，应及时分批勤采，采养结合；根系粗大分布深，宜选择土层深厚的土壤。深耕并施足基肥，同时适当增加夏秋茶的施肥量。

（四）白 毫 早

白毫早是湖南省农业科学院茶叶研究所从安化群体中选育的国

家级无性系良种。灌木型，中叶类，树姿半开张，分枝密。早芽种，在原产地4月初，一芽一叶展开，芽叶肥壮，黄绿色，茸毛多。春茶一芽二叶含氨基酸4.1%、茶多酚24.1%。适制绿茶，特别是毛峰类名优茶，外形细紧显毫，香气清鲜，滋味清爽。单产高，5龄试验茶园每亩产量可达420 kg。抗寒、抗旱能力和抗病虫害性、扦插繁殖力强，适应性广，适宜在江南、江北绿茶区种植。

该品种新梢持嫩性稍差，投产后适时嫩采，加强肥培管理；并须防倒春寒危害。

（五）浙农113

浙农113是浙江大学茶学系从福鼎大白茶与云南大叶种的天然杂交后代中选育的国家级无性系良种。小乔木型，中叶类，树姿半开张，分枝较密。在杭州地区4月中旬可采一芽一叶，发芽整齐，芽叶尚壮，茸毛多，春茶一芽二叶含氨基酸3.1%、茶多酚22.1%。适制绿茶，特别是毛峰类名优绿茶，条索纤细，色泽绿润，白毫显明，清香持久，滋味浓鲜，品质特优。单产高，平均亩产250 kg，抗寒性强，抗旱性和抗病虫性也较强，适应性广，适宜在江南、江北绿茶区栽种。

该品种宜采用双行条植，大行距1.7 m，小行距0.3 m。

（六）翠　　峰

由浙江省杭州市茶叶科学研究所从福鼎大白茶与云南大叶种的天然杂交后代中选育的国家级无性系良种。小乔木型，中叶类，树姿半开张，分枝密度较大。中芽种，在杭州地区在4月上旬一芽一叶展开，育芽能力强，发芽密度大，芽叶较肥壮，色翠绿，茸毛多。

春茶一芽二叶含氨基酸 3.4%、茶多酚 28.2%。适制绿茶，色泽嫩绿有毫，香高味鲜，汤色嫩绿清澈。单产高，平均亩产 300 kg。抗寒性和扦插繁殖力较强。适应性广，适宜在江南、江北绿茶区栽种。

该品种苗期生长缓慢，繁殖栽培时应增施肥料，加强管理。新梢、持嫩性一般，成园后做到分批勤采，并注意黑刺粉虱和霉病的防治。

（七）碧　　云

由中国农业科学院茶叶研究所从平阳群体与云南大叶种的天然杂交后代中选育的国家级无性系良种。小乔木型，中叶类，树姿直立，分枝部位高，密度中等。中芽种，在杭州地区一芽三叶盛期为 4 月中旬。发芽密度中等，育芽力强，芽叶肥壮，茸毛中等。春茶一芽二叶含氨基酸 3.6%、茶多酚 25.2%。适制绿茶。制毛峰茶，条索细紧，色泽翠绿，香气高爽，滋味鲜醇，特别是其夏茶仍能保持香高、味醇的优良品质。单产高，平均亩产 260 kg，抗寒、抗旱性强，扦插发根率高，适应性广，适宜在江南、江北绿茶区栽种。

该品种树姿较直立，分枝密度中等，适用双条栽规格种植，按时进行定型修剪和打顶养蓬。江北茶区需注意越冬防冻。

（八）巴渝特早

巴渝特早，又名福选 9 号，是重庆市农业技术推广总站从福建引进的福鼎大白茶群体中筛选出的国家级茶树新品种。该品种具有春季萌芽早，春茶产量高，尤其春茶中前期产量高；成园投产快，两年即可投产；秋梢休眠迟，全年生育期长，丰产性状优势突出；持嫩性强，适制性广，成茶品质好的特性。适制各种针形、扁形、卷曲形名优绿茶，且制作的成茶香气独特，外形秀美。曾先后在重庆、四川等地区的 20 余个产茶区（市、县）试种，表现出很强的生态适应性和适制性，试种取得了很好的效果。

（九）中茶 102

中茶 102 是中国农业科学院茶叶研究所从龙井种中单株选育而成的无性系茶树新品种。该品种属灌木型，中叶类，早生种。植株大小中等，树姿半开张，分枝较密。叶片水平着生，叶色绿，椭圆形，叶质中等，叶尖渐尖，叶面微隆，叶身平，芽叶黄绿色，茸毛中等，芽型大小中等，一芽三叶百芽重 39 g。育芽能力强，发芽密，耐采摘，丰产性好，抗寒、抗旱性强，适应性强，扦插繁殖力强，适制名优绿茶和煎茶。

（十）中茶 108

中茶 108 由中国农业科学院茶叶研究所以龙井 43 枝条经 $^{60}Co-\gamma$ 射线辐照选育而成，无性系国家级良种。该品种属灌木型，中叶类，特早生种。叶片呈长椭圆形，叶色绿，叶面微隆，叶尖渐尖，叶质较薄。芽叶黄绿色，茸毛少。树姿半开张，分枝较密。春茶一般在 3 月上中旬萌发，育芽力强，持嫩性好，抗寒性、抗旱性、抗病性均较强，尤抗炭疽病，产量高。适制龙井等名优绿茶。

（十一）白叶 1 号

白叶 1 号，原名安吉白茶，为浙江茶树品种的后起之秀，由安吉县农业农村局茶叶站等从原产安吉大溪村自然变异茶树选育而成国家级良种。属灌木型，中叶类，叶呈长椭圆形；叶尖渐突斜上，叶身稍内折，叶面微内凹，叶齿浅，叶缘平。中芽种，春季新芽玉白，叶质薄，叶脉浅绿色；气温＞23 ℃，叶渐转花白色至绿色。白叶1号属于"低温敏感型"茶叶，其阈值约在23 ℃。茶树产"白茶"时间很短，通常仅1个月左右。以原产地浙江安吉为例，在春季，因叶绿素缺失，在清明前萌发的嫩芽为白色。在谷雨前，色渐淡，多数呈玉白色。雨后至夏至前，逐渐转为白绿色相间的花叶。至夏季，芽叶恢复为全绿，与一般绿茶无异。茶叶在特定的白化期内采摘、加工和制作，所以经冲泡后，其叶底也呈现玉白色。

二、茶树品种搭配

选用品种还要注意品种的配置，根据发芽期的迟早选配品种。在春季，萌芽期及开采期的迟早相差可达20～30 d。因此，将特早生、早生和中生不同品种进行合理配置，能有效地调节采摘"洪峰"。早生、中生、晚生品种的合理搭配，延长了采摘期，降低了春茶产量高峰，相对错开了大忙季节的农事，缓和了采茶劳力紧张的矛盾；同时也能充分利用初制设备，提高品质，降低成本；并有利于按不同品种茶园，分批分片制订科学施肥、修剪、防治病虫害及茶叶采、制常年管理计划。此外，为了提高茶叶品质，发挥单一品种各自的优势，有计划地引进一些各具特点的品种，进行品种组合，在加工原料中，互相取长补短，可以提高产品的质量。通常特早生品种占50%，早生和中生品种占50%。一般在绿茶产区应选用氨基酸含量相对较高的品种合理搭配，红茶产区宜选用茶多酚含量相对较高的品种合理搭配。为利用品种间品质成分的协同作用，提高茶叶的品质，要发挥各个品种各自的特点，如香气较好、滋味甘美或汤色浓鲜的品种，茸毛的多少及叶形等进行组合，使鲜叶原料相互取长补短，提高产品的质量。如一般大叶品种制红茶，浓度较高，而中小叶种制红茶，香气较好，在红茶产区从提高品质考虑，应注意两者合理搭配。这种品质特征的搭配，利于精制茶生产加工时的产品拼配。

第七章

幼龄茶树护理与培育

新茶园茶树种植后 1～2 年，正处于幼苗阶段，尤其是当年出土或移栽的茶苗，由于枝叶娇嫩、扎根较浅，当遇到干旱、烈日、低温等不良气候，茶苗生长就会受到威胁，轻者生长受阻，重者植株死亡。关键要做好浇水、遮阴防晒、浅耕保水、勤除杂草、根际覆盖、适时追肥等工作。因此，加强苗期护理，是争取全苗壮苗的关键。现根据笔者多年生产实践，现将 1～4 年的新茶园护理技术分述如下。

一、第一年幼龄茶树护理

1）除草是幼龄茶园护理最主要一项工作，由于露地面积大，非常适宜杂草生长，为减少与茶树争水夺肥，必须做到"除早、除小、除了"的原则。茶园杂草对于茶树的危害很大，它不仅与茶树争夺土壤养分，在天气干旱时会抢夺土壤水分，而且杂草还会助长病虫害的滋生蔓延，给茶苗生长带来不利影响。一般全年需人工除草 5 次，分别为 3 月中旬、5 月下旬、6 月下旬（梅草）、7 月下旬、9 月上中旬。茶行间铺防草布可以比较好地减少幼龄茶园的杂草滋生。

2）治虫结合根外追肥（加施 0.5% 尿素，即 100 kg 水加尿素 0.5 kg），幼龄期主要虫害是小绿叶蝉、螨类、茶尺蠖等为害幼嫩芽叶和成叶，一般需防治 3 次，具体视虫情而定。

3）小苗追肥的时间一般选择 7 月、8 月干旱季结束后的 9 月初。离根部约 10 cm 开挖浅沟，施尿素 20 kg/ 亩，同时结合根外追肥，即水 100 kg 加尿素 0.5 kg，经充分溶解后，喷透叶面。每隔 7～10 d 喷 1 次，共 3～4 次。

4）幼龄茶园可以适当间作绿肥，这样不仅增加茶园有机肥来源，而且可使杂草生长的空间大为缩小。种植绿肥能够改善茶园土质，增加腐殖质含量，行间种植绿肥，并及时翻埋，实为护理幼龄茶园的有效措施。

5）抗旱保苗方面，尤其遇 7 月、8 月高温干旱时节，应特别加强护理，应在早、晚时期抗旱保苗。

6）施基肥应在 9 月底至 10 月初，每亩开沟施入饼肥 150 kg，加施钙镁磷肥 40 kg 和尿素 20 kg。覆土后茶行两边结合疏松土壤，有利根系进入生长旺季。

7）补苗于 10 月底至 11 月初，利用雨后有利时期将行间假植苗就地带土移植，保证 100% 苗壮成长。

8）补苗后铺盖稻草，用作物禾秆、枯枝落叶、杂草或稻草覆盖在茶行两侧，以保持土壤湿润和保温。

二、第二年幼龄茶树培育

1）全年除草约 5 次，具体时间同第一年。

2）第一次施追肥的时间在 2 月底至 3 月初，亩施尿素 30 kg、钙镁磷肥 20 kg（旨在诱导根系生长），沟施（沟宽×深＝30 cm×15 cm）。第二次的时间在 9 月初，亩施尿素 25 kg，加施钙镁磷肥 15 kg。

3）第二次定型修剪（高 40～45 cm），于 2 月 20 日前后在原剪口上提高 15～20 cm。

4）种植绿肥充分利用空闲土地，并改良土壤。

5）治虫结合根外追肥，次数同第一年。用量相对增加。

6）每亩施基肥饼肥 175 kg，加施钙镁磷肥 50 kg 和尿素 25 kg，沟施，深度逐步加深。

三、第三年幼龄茶树培育

1）全年除草 5 次，具体时间同前。

2）第一次施追肥于 2 月底至 3 月初，亩施尿素 30 kg/ 亩，第二次于 9 月初，亩施尿素 25 kg。

3）春季打头轻采严格掌握采高养低，以养为主，提高发芽密度，诱导蓬面向行间伸展。

4）第三次定型修剪，高度控制在 50～55 cm，即在上次剪口上再提高 15～20 cm。

5）治虫结合根外追肥次数同第一年。

6）每亩秋季施基肥饼肥 200 kg，加施钙镁磷肥 60 kg 和尿素 25 kg，沟施。

四、第四年幼龄茶树培育

1）全年除草约 4 次。

2）第一次施追肥的时间同前，亩施尿素 40 kg。第二次的时间同前，亩施尿素 30 kg，沟施。

3）整形修剪，春茶打头轻采后，采用水平或弧形修剪，高度控制在 60～65 cm，即在原剪口上提高约 10 cm。逐步培养成广宽密集型的采摘面，为第五年正式投产奠定良好基础。

4）治虫结合根外追肥次数同前。

5）每亩施基肥饼肥 250 kg，加施钙镁磷肥 75 kg 和尿素 30 kg，沟施。

第八章

精细配套的栽培技术

标准茶园建设一定要坚持高标准、高质量的现代化管理水平，应剖析影响茶叶优质高产的主要因素，综合运用先进的农业技术，通过合理剪、采、肥、水、保等科学的管理，为茶树的持续优质高产奠定基础。

一、剪

修剪是当代茶树栽培综合管理中的一项重要技术措施。它是以茶树的生物学特性为基础，结合不同生态条件、品种特性、生育阶段、修剪反应、栽培方法、管理水平和茶类等，运用不同程度修剪，控制和刺激茶树营养生长的一种重要手段。修剪能不断促进茶树枝壮叶茂、树势旺盛，从而达到培养和创造高产优质的理想树冠、延长经济年龄的目的，同时也为茶园管理、采摘机械化提供条件。

自然生长的茶树（图 8-1），常常主干比较明显，侧枝细弱，每年只能发出二三轮新梢，且树型高低不一，呈纺锤形。芽叶立体分布，分枝无法形成广阔而密集的采摘面，不能适应机采和手

图 8-1　自然生长茶树的分枝状况

采的要求。而且这种茶树，由于根系与枝干间的距离增大，容易产生枝干自疏呈衰老状态，进而影响产量和品质。因此在生产上常根据茶树各生育阶段，采用各种不同的修剪技术，并与其他栽培措施相配合，发挥修剪在增强营养生长上的效应。茶树修剪的重要依据如下。

（一）茶树修剪的生物学基础

修剪直接作用于枝和芽，是调节树体养分分配利用，提高产量和品质的重要管理措施。因此，了解其特性是修剪的重要依据。茶树在生长过程中有较强的再生能力，每当它受自然灾害侵害或人为修剪时，能使枝条的腋芽、不定芽或根颈部的潜伏芽发出新的枝条，以维持生长活动，恢复其生长力。茶树之所以能修剪，主要有赖于茶树有以下一些基本生物学特性。

1. 顶端优势

位于枝条顶端的芽或枝条，萌芽力和生长势最强，而向下依次减弱的现象，称为"顶端优势"。茶树顶芽生长对侧芽的抑制作用，当茶树顶芽生长较快时，侧芽生长缓慢，或处于休眠状态，这是因为顶端合成生长素使侧芽受抑制。只有顶芽受到机械损伤或被采去后，侧芽才能生长。因此，采取相应的修剪和及时采摘，可不断消除顶端优势，促进侧芽萌发，达到扩展树冠和提高产量的目的。从枝条的生长态势说，直立性枝条的顶端优势最明显，斜生枝次之，水平枝很弱，下垂枝更弱；分枝角度小的顶端优势明显，基部角度大的分枝不明显；枝条位于树冠上部的优势明显，越往下越不明显。茶树与其他绿色植物一样，其地上部具有趋光性，这是长期进化的结果。此种特性使茶树顶端生长常处于优先的地位，能获得更多的雨露、阳光，维持个体的生命。群体密度愈大，这种特性的表现愈明显。

茶树新梢在生长过程中，顶端生长总是比侧芽生长旺盛迅速，呈现明显的顶端优势，这在乔木型或小乔木型茶树上表现更为突出。若用人为的方法剪去顶芽或顶端枝梢，剪口以下的侧芽（剪口芽）就会迅速萌发生长。修剪反应最敏感的部位是在剪口附近，也常常是第一个芽最强而依次递减的。一般定型修剪能刺激剪口以下2～3个侧芽或侧枝生长，而台刈可刺激根颈部的潜伏芽萌发。造成顶端优势的生理原因之一是激动素容易集中在顶端。促进萌发的激动素由根部合成，输送方向与重力相反，部位越高，分枝角度越小（即愈直立）输导组织愈顺畅，即获得激动素愈多，生长素愈强。如果剪去顶端就改变了激动素的运输途径，使它向剪口以下的腋芽或侧枝中流去，促进腋芽萌发（图8-2）或侧枝生长。多数学者认为，植物体内广泛地分布着生长素，它既能促进植物的生长，也能抑制植物的生长。一般说来，低浓度促进植物生长，高浓度抑制植物的生长。生长素主要在顶端活跃的部分，从顶端制造的生长素不断向下运送，侧芽部分生长素浓度相对比顶端高，所以就抑制了侧芽的

图8-2　修剪刺激腋芽萌发

生长。由于浓度由上向下递增，所以下部腋芽的抑制作用比上部强，如果剪去顶端，去除了生长素向下运输对腋芽的抑制作用，就提高了下部芽的萌发（图8-3）和发枝力。顶端优势还表现在其他方面。例如，在水平枝梢上，向上的芽比向下芽生长势强。下垂枝梢上，基部芽的生长势就相对地比其他部位的芽长势强。又如将直立枝梢经人为弯枝，顶芽生长势由强转弱，处于较高向上的芽生长势增强。所以，顶端优势又可理解为极性生长。茶树顶端优势的强弱，随

图8-3　茶树较强的发芽特性

品种而异。据观察，凡分枝角度小（即直立型）的品种（如政和大白茶等）顶端优势强；分枝角度大（即披张型）的品种（如铁观音、雪梨等）顶端优势弱。所以，在生产实践中，修剪程度必须随品种而相应改变。顶端优势强的品种，宜重剪；顶端优势弱的品种，宜适轻度剪。

但修剪对茶树新梢生长所起的刺激作用会随时间的推移进展而逐渐消失。因此在生产实践中，每隔一定时间，就需要对茶树进行一次修剪，促使重新引起刺激，这也是茶树周期修剪的重要依据。刺激减退的速率受着许多不同因素的影响，这些因素目前尚未被完全摸清。但它无疑与品种、生态条件、采摘制度、肥水管理和修剪

技术等有关。一般说来，茶树在高纬度或高山气候条件下，因生长较慢，其修剪周期较低纬度或平地为长。据报道，栽植在低地的采摘茶园，修剪周期为一年半至二年；生长在高山的茶园，修剪周期为三年至五年一次。但最主要还应视茶园新梢营养生长状况以及能否适应机采和手采的树相而定。

2. 地上部与地下部相对平衡

地上部与地下部分别指树冠与根系。在茶树年生长周期中，这两部分处于动态平衡状态，构成对立统一的整体。它们表现了相互矛盾、相互依存的相对平衡关系，即存在相互依赖、相互制约的关系。任何一方增强或削弱，都会影响另一方的强弱。地上部剪掉部分枝条，地下部比例相对增加，对地上部的枝条芽叶生长有促进作用。所以，茶树一经修剪，便打破了生理平衡状态。茶树具有再生机能强的特性，剪掉得越多，促进树冠恢复的势力就越强。修剪能使休眠芽或潜伏芽萌发出新的枝条，在加强茶园肥培管理的基础上，新枝便迅速生长，以求得到新的平衡。枝叶的旺盛生长，又促进了根系新的生长。两者互相作用的结果，使茶树保持旺盛的生长势。剪的是枝，靠的是根。俗语说"叶靠根养，根靠叶长"，实质上反映地上部与地下部的相对平衡关系。但是，平衡与不平衡都是相对的，具有一定的阶段性。例如，第一次定型修剪后，打破了茶树幼龄期的生长平衡，促进了枝叶和根系的生长。经过一段时间后，它又在新的基础上达到新的平衡，为了进一步扩张树冠，这时需要通过第二次定型修剪来打破这种新的平衡。从笔者研究成果和生产实践来看，中小叶种茶树定型修剪需要进行3次，历时3年；大叶种茶树如用分段修剪，需要进行6~8次，历时两三年。茶树在其他生育阶段，也需要根据树势进行不同程度的周期性修剪。

众所周知，形态变化是与生理变化相适应的，有机体的一切生命活动就是新陈代谢的过程，而形态变化就是新陈代谢的具体表现。由于修剪打破地上部与地下部的平衡状态，必然会引起茶树新陈代谢的变化。修剪剪去了茶树地上部枝叶的小部分或大部分，减少了光合同化面积，使植株内的碳水化合物的含量发生明显变化。因此，剪后的促进作用，主要是因为减少了枝叶的数量，改变了根部原有营养和水分的分配关系，使养分集中供应给保留下来的腋芽和不定芽。同时，通过修剪改善了通风透光条件，提高了下部叶片的光合性能，从而促进了这部分芽的生长，延长生长时期，使新梢生长量和单叶面积增大，尤以定型修剪的幼龄茶树表现最为明显。

修剪的对象是茶树枝叶，可是它的作用范围并不局限于被剪的枝叶，而是茶树的整体。由于修剪减少地上部供给根系生长的能量和营养物质，同时，修剪造成的伤口，需消耗一定的营养物质才能愈合。剪后地上部再生生长初期，枝叶的抽生，要消耗根部大量的贮藏养分。因此修剪对茶树根系的生长有一定的抑制作用，尤其是幼龄茶树，因根系尚未发育健全，对修剪的反应特别敏感。一般剪后根系的生长量随修剪深度加重而减少。在以往文献中，有关修剪能促进根系生长的论述是不够确切的。笔者多年试验测定结果表明，与其说修剪能刺激根系生长，还不如说当根部贮藏足够供自身和地上部枝叶生长的养分含量时，修剪才能刺激根的生长。当贮藏养分不足时，修剪初期根系生长便会受到一定的抑制。但当剪后地上部枝叶除供自身萌发生长外，已有一定的养分可供根系生长，这时修剪不仅能使地上部复壮，而且也相应地促进根系在新的基础上进行新的生长。

3. 芽的异质性

在同一茶树枝条上，从基部到顶端的各叶腋间着生的芽，由于受内部营养状况和外界环境条件的影响，不同时期、不同部位所形成的芽，在质量上有很大差异，这被称为芽的异质性。新梢不同部位的叶片大小均以中间的最大，两端叶片则按一定的生理梯度下降，这种生理梯度不仅表现在叶片的大小上，而且也表现在生长时期的长短、叶片内部物质含量，以及腋芽的满饱满程度上。新梢中部以上的腋芽，一般较易分化成花芽，由于花芽生育，它争夺的营养较多，这不仅直接影响营养芽的生长和发育，也使相应部位的叶片偏小，节间缩短。但从植物阶段发育上来说，枝条下部的芽阶段发育较上部年幼。阶段性生理年幼的生活力较强，反之则弱。此外从形态结构上看，基部叶着生角度由下往上变小，这是茶树充分利用光能的生态反应。因此由基部芽形成的侧枝角度比顶端大（图8-4）。所以定型修剪时，一般宜采用低剪，选留基部阶段发育年幼的芽萌发，同时也利用基部腋芽分枝角度大于顶部的性状，加速扩大树冠。夏梢是在春梢基础上萌发形成的，树体的营养状况相对不及春梢好。此时由于气温高，芽叶容易老化。其间又是花芽分化和果实膨大时期，因此夏梢生育状况不如春梢好。而秋梢又由于养分积累少，在我国不少茶区又遇雨水短缺，后期气温下降，叶片较小，节间又短，秋末生长的芽梢，往往当年还来不及成熟。因此，一般说来，选留夏、秋梢作为修剪后留养的基础总不及春梢好。

茶树根颈部是地上部与地下部营养集散的枢纽，不但隐藏着大量的潜伏芽，而且阶段发育最年幼，每当树冠顶端枝条育芽力减退时，根颈部的潜伏芽就能迅速萌发，形成节间长、叶片大的"徒长枝"，显示出茶树具有较强自然更新的能力。因此，在生产实践中，往往应用修剪的方法，剪去全部（台刈）或部分（重修剪）衰老茶树的枝条，就可刺激根颈部的潜伏芽萌发，促使树冠更新，延长地上部旺盛的生长年限。

图 8-4　茶树不同部位分枝角度不同（基部大于顶部）

4. 抑制生殖生长

修剪对生殖生长的影响很大。新梢生长与花芽形成既相互矛盾，又互相依存。茶树枝条经过修剪后，在很大程度上促进了新梢的营养生长，使树体内部大部分养分转注于营养芽，加上茶树没有特殊的结果枝，营养芽和花芽同时着生于枝条上的叶腋间，营养生长旺盛时，花芽则因营养不足，而影响它的分化和形成。所以，一般不修剪的茶树，主茎明显，树冠稀疏，花果较多。修剪在增强树势这点上，对成年茶树，尤其是衰老茶树，减少花果的效果更明显，而且这种作用随修剪时期不同而有差别（表 8-1）。

表 8-1　茶树不同时期修剪对花芽形成的影响

项目	处理		
	春茶后修剪	春茶前修剪	对照（不修剪）
花芽现蕾数（个）	304	592	1 869
对比（%）	100（对照）	195	615

表 8-1 表明，修剪能在很大程度上抑制花芽形成，抑制程度又随修剪时期而异，以春茶后修剪的花蕾形成最少，与不修剪的比值

约为 1：6。这种时间引发的差异，与修剪离花芽分化期早迟有关。因为茶树以第一轮新梢的开花结实率最高，而春茶后修剪的茶树，待新梢抽发至成熟时，多数枝条已不能适应花芽分化的最适物候期要求，从而减少了花芽分化数量。如果夏季再进行一次轻修剪，其萌发的枝条花芽形成就更少。

修剪能抑制生殖生长的另一个重要生理原因，是树体内水分和氮的含量，较没有修剪的类似部分的含量要高得多；而淀粉和糖的含量却比不修剪枝相对要低。碳氮关系有利于营养生长，不利于花芽形成。

（二）修剪时期的选择

选择茶树修剪的最适时期，应综合考虑茶树生长期、气候条件、茶树品种等确定。

1. 茶树生长期

修剪效果的好坏与树体营养状况非常密切，特别是根部养分的贮藏量对剪后地上部的生长起着决定的作用。为此，应把茶树的营养状况作为确定修剪最适时期的一个重要生物学依据。因为修剪是直接从树上剪去枝叶，所以剪后光合同化量也就相应地减少。剪后初期，根的生长依靠其自身贮藏养分的供应，地上部的恢复（尤其是台刈和重修剪）也主要靠根部贮藏养分的供应。由此可见，适宜的修剪时期应选择在被剪枝叶养分含量较少而根部贮藏养分最多的时期进行。茶树即将进入冬季休眠时，叶片的养分逐渐从上部枝向下部枝运输，最后向根部移动而贮藏起来。笔者在不同时期对幼龄茶树根部淀粉含量进行测定，全年分别在 2 月底、4 月底、6 月底、8 月底、10 月底和 12 月底 6 个时期取样，其淀粉含量分别为干物质的 21.2%、16.3%、13.6%、9.4%、12.6% 和 16.5%。上述结果表明：根部淀粉含量在春茶前达最大值。因此，在我国四季分明的广大茶区，茶树在春季萌芽前进行修剪是影响最小的时期（惊蛰—春分）。这时根部有较多的贮藏物质，也正处于气温逐渐回升，雨水充沛时节。同时，春季又是年生长期的开始，剪后使新梢有较长的生长周期。

修剪时期对树体的影响虽然有明显差异，但在生产实践上同时要考虑春茶的经济收益，所以，往往将修剪时期延至春茶后。此时茶树根部的贮藏营养虽有所下降，但如在剪前加强施肥管理，根部物质基础不足的矛盾在一定程度上能得到缓和。因此，我国部分茶区实行春茶后（4 月下旬至 5 月上中旬）重修剪或台刈，其效果仍然较好。但须指出，幼龄茶树修剪时，为了培养茶树骨架，迅速扩大树冠，宜在春茶萌芽前进行。

2. 气候条件

修剪时期还须考虑当地的气候条件。在冬季温度较高、没有冻害的地区，如海南、广东、云南、福建南部等，可在茶季结束时进行修剪。但在冬季有冻害威胁的地区，如江北茶区和一些高山茶区，为了防止寒流的袭击，春季修剪就应推迟。有旱季和雨季之分的茶区，修剪时期就不应是旱季来临前。总之，选择适宜的气候条件，主要目的是使茶树在修剪后免受冻害、旱害等不良气候条件的影响。

3. 茶树品种

修剪还应结合茶树品种特性，特别是发芽迟早来考虑。一般说来，发芽早的，修剪应相应提前，反之，则推迟。如原产温州的黄叶早、嘉茗 1 号（原名乌牛早）品种，具有发芽早、抗寒力强的特点，早春修剪应提前进行。

（三）不同树龄的修剪方法

茶树在不同的生育阶段，由于修剪的目的不同，其方法也应随之而异。目前，根据茶树生育阶段树体内部的矛盾运动，我国推广应用最多的修剪方法有定型修剪、轻修剪、深修剪、重修剪和台刈 5 种。其中定型修剪主要起培养树冠骨架、促进分枝、扩大树冠面的作用；轻修剪主要起刺激剪口以下芽萌发，增加发芽密度的作用；深修剪、重修剪和台刈的主要目的是更新复壮树冠。

1. 幼龄茶树定型修剪

幼龄茶树任其自然生长，具有明显的主干，顶端优势强，分枝稀少，分枝部位高，树冠覆盖面小。通过定型修剪，改变茶树的自然生长状态，从树枝较低部位分枝，分枝角度大，分枝粗壮，构成坚强骨架，枝条密度适宜，控制茶树高度，加速扩大树冠面，能为培养丰产的树相奠定基础。

第一次定型修剪：依照灌木型茶树分枝习性，当苗高超过30 cm，主茎粗达 3 mm 以上，并有一二个分枝时，即可进行第一次定型修剪。修剪高度以离地 15～20 cm 为宜（以选留 3～4 片真叶为准）（图 8-5），这样可以刺激剪口以下 2～3 个腋芽萌发出第一层骨

架枝。过高分枝较多而细弱，过低也
会影响树势生长。

第二次定型修剪：经第一次定型
修剪后，只要加强护理，茶苗很快会
抽发出旺盛的新枝，一般树高可达
55～60 cm，修剪时间以春茶前进行
为宜。修剪高度可在第一次剪口上提
高（图8-6）。

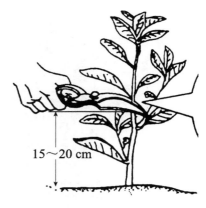

15～20 cm

图8-5 茶树第一次定型修剪

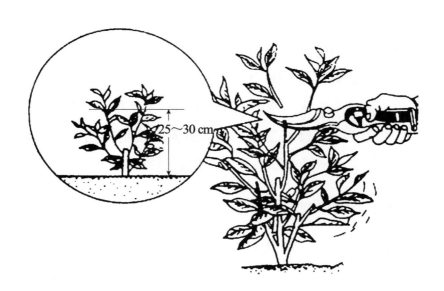

25～30 cm

图8-6 茶树第二次定型修剪

第三次定型修剪：在第二次定型修剪一年后，可进行第三次定
型修剪，高度可在第二次剪口上再提高10 cm左右（图8-7）。这样
连续通过3次定型修剪，茶树骨架枝高度已达到40～50 cm。连同主
茎形成4～5层分枝，在此基础上再进行轻修剪，结合打头轻采，进
一步培养广阔树冠和采摘面。

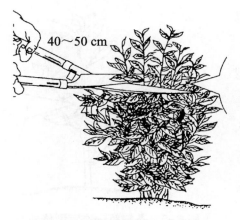

图 8-7　茶树第三次定型修剪

幼龄茶树经过3次定型修剪后，树势迅速扩展，已具有坚实的树冠骨架，在以后的4～5年即可采取采高养低的采摘方式和轻修剪，不断提高树冠的芽密度，此时可正式投采。

小乔木型茶树顶端优势强，在我国南亚热带及热带地区栽培较广，茶树新梢抽发较旺、节间长，不宜采用灌木型茶树的定型修剪方法。根据海南省等地的经验，采用"分段修剪"为好。具体操作方法是当茶苗生长符合以下3个标准中的一个时即可进行定型修剪：主茎粗4～5 mm、长叶7～8 片、茎干呈半木质或木质化。修剪高度选留2～3 片真叶为度，分期分批进行，两年完成定型修剪工作。树冠骨架高度仍控制在40～50 cm。以后再进行几次水平轻剪和打头轻采培养采摘面。

2. 成龄茶树轻修剪和深修剪

轻修剪在定型修剪的基础上进行，目的是继续培养树冠面和采摘面。一般做法是在春季剪去上年秋梢，养蓄春夏枝，这样既可控制茶丛高度，便于采摘和提高采摘效率，同时使得每年有健壮的生长枝代替细弱枝，延缓树势衰退。但当树冠面由于多年采摘和轻修剪的刺激，使树冠面分枝浓密而细弱，即形成"鸡爪枝"时，会妨碍营养物质和水分的输送。这时采用轻修剪已达不到刺激效果，为将这层结节过多的细枝剪除，需采用深修剪技术，以提高新梢的生长势，补充旺盛的生长枝，重新形成广阔的采摘面，延长高产稳产年限。

　　轻修剪和深修剪宜在春茶结束后进行。轻修剪可酌情每年或隔年进行一次，每次在原有修剪面上提高 2～3 cm。当轻修剪进行数年后，树冠面上细枝结节增多，茶树发枝力下降，此时就要进行一次深修剪，以剪去树冠面 10～15 cm 枝叶为宜（图 8-8），剪后注意留叶轻采。以后再每年或隔年进行轻修剪。这样循环往复，可在较长时间内，保持采摘面上有旺盛的生长枝，延长青壮年茶树的经济年限。

图 8-8　茶树深修剪

　　3. 衰老茶树重修剪和台刈

　　茶树经过多次剪、采，上部枝条的生活力大大降低，发芽势明显下降，即使加强肥培管理，或深修剪处理，仍然得不到良好的经济效果，茶树发芽力不强，芽叶瘦小，对夹叶比例显著增加，轮与轮之间间歇期长，开花结实多，根颈处不断出现更新枝（通称"地蕻枝""徒长枝"）。根据衰老程度不同，这类茶树轻者采用重修剪，重者采用台刈。重修剪宜在春茶前后进行，修剪高度应根据树势，一般剪去茶树 1/3 到 1/2，或离地 30～40 cm（图 8-9）。剪后经一季到两季留养，并结合轻修剪和打头留养，待树冠采摘面重新形成后，方可投入正式采摘。台刈亦宜在春茶前后进行，台刈高度一般离地面 5 cm 左右（图 8-10）。台刈时切口要光滑，以免影响根颈部不定芽萌发。台刈后立即清理丛脚，趁机除去杂草柴根等，并对行间进行一次深耕施肥。

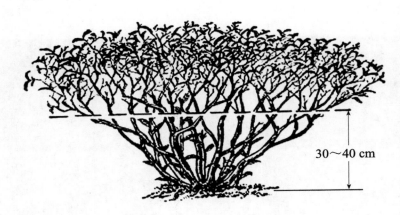

图 8-9　茶树重修剪

图 8-10　茶树台刈

（四）修剪应配合的关键技术

综上所述，茶树修剪是树冠培养的重要技术措施，但最佳修剪效果的发挥不仅与修剪本身的技术有关，还与其他农业技术措施有密切的关系。茶树修剪是在茶园土、肥、水综合管理的基础上，根据各地自然条件、树龄、品种生长习性，对茶树树体营养物质的分配和运转进行适当的控制和调节，使养分得到合理的利用和分配的一种措施。为使修剪达到预期效果，应与下列栽培措施密切配合。

1. 修剪应与肥水管理密切配合

修剪虽然是保证茶叶丰产的一项重要措施，但不是唯一的措施，必须和土、肥、水管理以及病虫害防治等综合管理相结合，才可能发挥最大的作用。众所周知，修剪对茶树来说，显然是一次创伤，每经一次修剪，被剪枝条耗损很多养分，剪后又要大量抽发新梢，这在很大程度上有赖于根部贮存的营养物质。根部贮藏的养分多，剪后茶树恢复快，为了使根系不断供应上部再生生长，并保证根系自身生长，就需要足够的肥、水供应，这使得加强土壤管理显得格外重要。剪前要深施较多的有机肥料和磷肥，剪后待新芽萌发时，及时追施催芽肥（主要是氮肥）。只有这样，才能促使新梢健壮，尽快转入旺盛生长，充分发挥修剪的应有效果。尤其是重修剪和台刈茶园，经茶树多年生长，土壤多已老化，表土冲刷和土壤中盐基的流失，使肥力降低、土层变薄。经过更新后，茶树主要依靠根颈部及根部贮存的养分来维持和恢复生机，重新萌发新的枝叶，形成新的树冠，这就要求更多的养分供应。所以，从某种程度上说，土壤的营养状况是决定衰老茶树更新后能否迅速恢复树势和达到高产的重要因素，在缺肥少管的情况下进行修剪，就不能达到改树复壮的目的。否则只能消耗茶树更多的养分，加速茶树衰败，呈现"未老先衰"，达不到应有效果。尤其在长期不施磷钾肥的老茶园，由于磷钾含量不足，茶树代谢机能减弱，反使枝梢容易发生枯死现象。因此在生产实践中得出"无肥不改树"的经验。

2. 修剪应与采、留相结合

处理好留养与采摘的关系是修剪茶园最重要的管理内容之一。幼龄茶树树冠养成过程中骨干枝和骨架层的培养主要靠三次定型修剪。广阔的采摘面和茂密的生产枝则来自合理的采摘和轻修剪技术。定型修剪茶树，在采摘技术上要应用"分批留叶"采摘法，要多留少采，做到以养为主，采摘为辅，实行打头轻采，采高养低。从生产实践可以看出，在茶树幼年期的采摘管理中有两种倾向值得注意。一种是只顾眼前利益，不考虑茶树长势和实现高产稳产的基础，急于求成，实行不适当的早采、强采，造成树势早衰、产量始终上不去，茶树像"小老头"，难以封行，这类茶树即使进入壮龄期，单产仍然很低。另一种是该采的不去采，实行"封园养蓬"，结果也达不到目的。群众说这种茶树是"风吹树摇晃，枝条稀朗朗"，采摘面上生产枝不茂密，要实现高产也很困难。这两种倾向在幼龄茶园管理技术上要力求避免。

对于深修剪的成龄茶树，要视修剪程度注意留养。由于深修剪，相对降低叶面积，减少光合同化面，为尽快恢复树势，从修剪面以下抽发的生产枝，一般都比较稀疏，需通过留养，增加生产枝粗度，并在此基础上萌发出次级生产枝，重新培养采摘面。一般深修剪茶树需经一季到两季留养，再进行打头轻采，逐步投产。若剪后不注意留养，甚至强采，也很容易造成树势早衰。

重修剪、台刈更新后茶树的采摘管理，是培养树冠的重要环节，尤其是更新当年的生长比较旺盛，在年生长周期内，新梢生长几乎无休止现象，节间长、叶片大、芽叶粗壮，这种特性对培养树冠十分有利。如果只追求眼前利益，进行不合理早采或强采，就会削弱茶树更新的应有效果。所以对更新后茶树的采摘，要特别强调以养为主、采养结合，在树冠尚未封行以前，采的主要目的不是收获，而只是作为配合修剪、养好茶树的一种手段。重修剪、台刈茶树，一般要经 2～3 年的打头和留叶采摘后，才正式投采。

3.修剪应注意病虫害防治

树冠修剪或更新后，一般都经一段时期留养，这时枝叶繁茂，芽梢柔嫩，是病虫害滋生的良好场所，特别对于为害嫩梢新叶的茶蚜、茶小绿叶蝉、茶尺蠖、茶细蛾、茶卷叶蛾、茶梢蛾、芽枯病等，必须及时检查防治。对于衰老茶树更新复壮时刈割下来的枝叶，必须及时清出园外处理，并对树桩及茶丛周围的地面进行一次彻底喷药防除，以消灭病虫害的繁殖基地。

二、采

茶叶采收是联系茶树栽培与加工的纽带。它既是茶树栽培的结果，又是茶叶加工的开端，也是增产提质的重要栽培管理措施。茶叶采收是否合理，不仅直接关系到茶叶产量的高低、品质的优劣，而且还关系到茶树生长的盛衰、经济树龄的长短。所以，必须深刻认识采摘给茶树生育带来的变化，了解各种不同的采摘标准和采摘技术，做好采收过程中的各项管理工作。

（一）茶树采摘的生物学基础

茶树新梢的生育，并不是孤立进行的，而是和植株其他部位的生育有机地、错综复杂地联系在一起。采去芽叶，便会引起茶树内部生理机能的变化，这使得茶树植株各部位的生长状况以及相互关系也发生了相应的变化。所以，要采好茶首先必须充分认识茶树的生物学特性。茶叶采收既是茶树栽培的收获过程，也是增产提质的重要树冠管理的措施。茶叶采收是否科学合理，直接关系到茶叶产量的高低、品质的优劣，同时也关系到茶树生长的盛衰、经济生产年限的长短。所以，茶叶采收要比一般大田作物的收获复杂得多、深刻得多。茶叶单位面积产量的高低与品质的好坏，决定于芽叶数量与质量，而芽叶的数量和质量则决定于茶树新梢生育状况，决定于茶树栽培和采摘合理与否等各种因素。合理采收也就是采摘制度问题，采摘制度的好坏，技术掌握是否合理，既有理论问题，又有实践问题。实现合理采摘，首先必须充分认识茶树的生物学特性以及它与采收的相互关系。

合理采茶的技术环节，包括及时标准采、分批多次采、掌握不同类型茶树的采摘原则和调节鲜叶高峰的技术措施等。

1. 茶树新梢的生长特性

新梢是茶树的收获对象，采茶就是从新梢上采下幼嫩的芽叶，所以了解新梢的生长发育规律是选用合理的采摘技术的重要依据。茶树新梢的生长，有两个明显的特性，即顶端优势与新梢多次萌发生长。这是因为茶树的顶芽与侧芽，由于发育迟早与所处位置的不同，在生长上有着相互制约的关系。新梢生长时，顶芽最先萌发，生长最快，占有优势地位，即所谓茶树新梢生长顶端优势。但顶芽的旺盛生长，抑制了侧芽的生长，使得侧芽萌动推迟，生长减缓，数量减少，如果不加采摘，任其自然生长，新梢每年最多只能重复生长2～3轮。如果经过人为采摘，在留下的小桩上，又有1～3个侧芽可各自萌发生长成为新梢，再供采摘。这样，在人为干预下，即使是同一品种的茶树，新梢生长次数要比自然生长的增长2～3轮，还能使茶芽萌动提前，发芽密度增加，可取得增产10%～20%的效果。

茶树新梢生长的另一个特性，是一年中能多次萌发生长，茶树的再生性相当强（俗称"割不净的麻，采不净的茶"）。萌发轮次多少，主要受气候条件与品种特性的影响。例如，在正常采摘情况下，江北茶区（鲁东南）一般能生长3～4轮，江南茶区（浙江）一般能生长4～5轮，华南茶区（海南岛）一般可生长5～8轮。在同一立地条件下，由于茶树品种不同，新梢萌发的轮次存在较大差异，见笔者在杭州地区观测的结果（表8-2）。

表8-2　不同品种茶树的新梢萌发次数比较

品种	新梢轮次（轮）				
	1	2	3	4	5
黄叶早	20	18	15	7	2
藤茶	20	12	9	6	2
龙井43	20	18	17	14	9
梅占	20	20	18	14	9

注：固定20个新梢的调查结果。

2. 茶树叶片生长和消长规律

茶树叶片随着新梢的伸长而展开，叶片的生长速度、展叶多少、成熟历期、叶片寿命等，都与茶树内部的生理机能和外部的环境条件紧密相连。据观测，杭州的茶树叶片一般 2～6 d 可开展 1 片，叶片初展至成熟历期，生长快的只需 13～14 d，生长慢的需 28～30 d，平均历时 16～25 d。

茶树新梢展叶数的多少，差异甚大，多的可达 10 片以上，少的只有 1～2 片，通常能展叶 4～6 片。叶片的寿命，在年生育期内，总是随着叶片初展时期的推迟而缩短，其平均寿命都不超过 1 年。

叶片寿命的长短还与品种有关，如毛蟹春梢叶片为 409 d，政和大白茶为 324 d，龙井种为 347 d，平均为 352 d。夏、秋梢平均为 289 d。另有观察表明，采叶茶树与自然生长茶树相比，由于采摘的刺激作用，有适当延长叶龄、促进新叶增长的作用。但落叶的基本规律是相似的，而树上绿叶面积的多少，主要取决于采摘留叶的数量与时期。这给人们如何对茶树采叶与留叶提供了实践与理论依据。

茶树生长过程中，树冠上新叶的生长和老叶的脱落具有季节性，就我国多数茶区而言，春梢上（4—5 月）留下的叶片，集中在第二年 3 月下旬到 4 月中旬脱落；夏梢上（6 月）留下的叶片，集中在第二年 3 月中旬到 4 月下旬脱落；秋梢上（7—10 月）留下的叶片，集中在第二年 4 月上旬到 5 月上旬脱落。由此可见，尽管老叶脱落常年都有，但主要集中在春梢生长的 4—5 月。所以，一般来说，新叶生长最多之时，也是老叶脱落最多之际。

3.茶树地上部生长和地下部生长的相互关系

茶树地上部与地下部生长，既相互促进，又相互制约。这是因为根系生命活动所需要的碳水化合物、蛋白质等有机养分和一些微量活性物质，如维生素、生长素等，主要靠茶树地上部茎叶合成与转化供给；而地上部进行光合作用所需要的原料，如水分、矿物质等，又有赖于根系的吸收与输送。地上部与地下部在营养物质的分配上，保持着相对的动态平衡和一定的比例关系。一旦营养物质的利用与分配发生矛盾，平衡就会打破，这时茶树通过内部生理的调节，就要重新建立起新的平衡。所以不同的采摘方法，会给茶树树冠造成不同的结果，进而引起茶树根系的不同变化。例如，过强的采摘，首先是摧残了茶树树冠，在这种情况下，茶树根系的强大吸收功能会刺激树冠的迅速恢复。但当树冠继续受到过强采摘的严重摧残时，虽然会刺激树冠迅速恢复，但同时也会出现叶量不足。这时树冠合成的有机养料便不能保证根系的营养，而根系的营养不足，又会影响茶树的吸收与运输功能，导致树冠的衰败。若长此以往，茶树就会逐渐衰亡或未老先衰。采留结合既留有适量新叶，为茶树合成有机养分提供了场所，又及时地采去顶芽，促进侧芽的萌发生长，以扩大树冠，从而使地上部与地下部能得到协调发展。处理好采与留的关系，是协调茶树地上部与地下部生长的重要手段之一。另外，要解决好上述关系，还必须做好茶园的全年管理工作。在我国大部分茶区，每年4—9月是茶树生长的活跃时期。入冬后，茶树地上部处于相对休止状态，而地下部仍处于相对活动状态，根据茶树营养物质的积累与分配，以及根系生长的消长规律，秋末冬初及时供给茶树丰富的养分，茶树根系才能健壮生长，为翌年新梢特别是为春梢的萌发生长提供良好的营养条件。所以，春茶生产的好坏，与秋冬季培育管理是密切相关的。春茶之所以产量高、品质优、芽叶洪峰旺，完全由于根部贮藏营养丰富。

（二）合理采摘的主要技术环节

茶叶采摘的对象是茶树新梢上的芽叶，芽叶性状随着外界环境条件的变化、茶树品种的不同和栽培技术的差异而变化。在新梢上采收芽叶，依不同条件可迟可早、可长可短、可大可小，没有固定的标准。因采期不同、采法不同，获得的芽叶性状和性质不同，并影响当时茶树或后期茶树的产量和品质，所以合理采摘尤显重要。我国茶区辽阔，茶类繁多，形成了各自相适应的各种采摘制度。如何才算合理采摘，难以形成统一的衡量标准。但从目前国内外茶叶生产的发展和对于多数茶类而论，合理采摘是指通过人为采摘，协调茶叶产量和品质之间的矛盾，协调茶树生育各方面的矛盾，协调长期利益和短期利益的矛盾，取得持续高产优质的制茶原料，实现茶园长期良好的综合效益。在生产实践中，合理采摘需处理好采摘与留养、采摘质量与数量、采摘与管理等相互间的关系。

1. 茶叶采摘与留养

种茶的目的是采收量多、质优的芽叶，芽叶采收与留养，跟茶树生育存在着极为深刻的矛盾。芽叶是茶树的营养器官，采去新生的芽叶，减少了光合叶面积。如果强采，留叶过少，还会增加漏光的损失，从而降低光合作用，削弱有机物质的形成和积累，影响整株营养芽的萌发。如果留叶过多，或不及时采去顶芽和嫩叶，既多消耗水分和养料，又因叶面积过多、树冠郁闭，导致中下层着生的叶片见光少，对光合作用不利，营养生长也差，容易造成分枝少、发芽密度稀、生殖生长增强、花果增多，从而影响茶叶产量。各地长期实践经验和试验结果证明：凡幼年茶树树势还不十分健壮，如过早过强地采收，容易造成生育不良、树势衰败、缩短经济年龄。从茶树树体自养考虑，茶叶的采收应有一定的留叶制度，不然，难以达到高产优质的目的。但留叶过多，也会对茶叶生产带来影响。新留下的叶，光合能力弱，呼吸强度大，只有当叶片定型、生长至少30 d，光合强度才达到较高水平，有较多干物质积累。因此，合理采茶，既要采叶，又要适当留下一定数量的叶子，即必须做到采养结合。

因各季采法不同、留叶数量不同，对茶树生育、产量和品质都有不同的影响。根据不同茶类对鲜叶原料的要求，运用合理的采摘制度，因地、因时、因茶类制宜进行合理采摘，茶树既可维持长期健壮，又可获得高产、优质的原料和较长的经济年限。通过合理采摘，使全年产量分布较均匀，能有效调节全年劳动力的安排，达到增产增收。

采与留是矛盾的对立统一体。要协调这一矛盾，在生产上要做到既要采又要留，留叶是为了多采，采叶必须考虑留叶。茶树新梢上开展的叶片，因迟早、展叶多少、叶片大小和老嫩都有不同，光合作用的强度也不同。合理采摘是在新梢生长到一定程度时，及时采去顶芽（或驻芽）以及若干张细嫩叶片，留下鱼叶或一二片真叶在新梢上。生产上具体应留多少叶为适度，什么季节留，没有固定不变的标准，要根据制茶原料的要求及品种、叶片寿命、树龄、树势、茶园管理水平等因素而定。

2. 茶叶采摘的数量和质量

茶叶是一种商品性极高的经济作物。因此，在生产中不但要求产量高，同时更要求质量好。茶叶采大采小、采嫩采老、采迟采早，都与茶叶的数量与质量密切相关。只有在采摘上强调量、质兼顾，才能取得优质、高产、高效的结果。

生长势强的正常芽梢，在萌发生育过程中，从芽、一芽一叶到一芽多叶，每增加一叶，重量成倍增加，特别是从芽生育到一芽三叶增长的比例最大。由此可见，除一些名优茶、特种茶对鲜叶有特别要求，过嫩采摘会对产量带来很大影响。少采一叶，意味减产近一倍。另外，一般采叶茶园的芽梢，相对一部分叶在展2～3张叶后便形成对夹叶，所以也不能都养到展叶3～4张后才开始采摘。这样不仅影响鲜叶质量，而且由于顶芽的存在，会抑制侧芽的萌发，进而减少芽叶萌发的数量，同样不能获得高产。

茶叶的品质，是人们通过对茶叶色、香、味、形等几个方面的感官审评来确定的。鲜叶采摘质量对成品茶质量影响很大，若采摘不合理，即使是精工制作，也不能获得优质的成茶。如果养大采，对夹叶增多，叶片老化速度快，鲜叶所含对茶叶品质影响大的生化成分含量显著下降（表8-3）。一般而言，幼嫩的一芽二三叶内含物质比较丰富，制得的茶叶品质也好，鲜叶老化后，品质成分下降，成茶品质较差。从表8-3可以看出，鲜叶品质成分是随着叶片的老化而逐渐减少的，而粗纤维含量则逐渐增加。所以，采摘时不但要掌握一定的嫩度，还必须区分好不同鲜叶原料的等级，实行分级付制，否则，老嫩混杂不可能获得高质量的茶叶。

表8-3 茶树新梢各叶位主要生化成分的含量变化

(单位：%)

叶位	茶多酚	咖啡碱	氨基酸	水浸出物	全氮量	粗纤维
芽下第一叶	22.61	3.50	3.11	45.93	6.53	10.87
芽下第二叶	18.39	3.00	2.92	48.26	5.95	10.90
芽下第三叶	16.23	2.65	2.34	46.96	5.15	12.25
芽下第四叶	14.65	2.37	1.95	45.46	2.37	14.48
茎	10.60	1.31	5.73	44.06	4.12	17.08

资料来源：阮宇成，1982。

3. 茶叶采摘与管理

在我国大部分茶区，春季到秋季是茶树生长活动时期，也是茶叶采收时期。到了冬季，茶树大部分处于相对休止状态（地上部）。要保持长期的优质、高产和旺盛生长势，必须抓好管理工作。

合理采摘必须建立在良好的管理工作基础上，只有茶园肥水充足、茶树根系发育健壮、生长势旺盛，茶树才能生长出量多质优的正常芽叶，才有利于处理采与留的关系，才能做到标准采和合理留，达到合理采摘的目的。

合理采摘还必须与修剪技术相配合。从幼年期开始，就要注意茶树树冠的培养，塑造理想的树冠；成龄茶树通过轻修剪和深修剪，保持采摘面生产枝健壮而平整，以利新梢萌发和提高新梢的质量；衰老茶树通过更新修剪，配合肥培管理，恢复树势，提高新梢生长的质量。总之，通过剪采相结合和肥培配合，使新梢长得好、长得齐、长得密，为合理采摘奠定物质基础。

因此，采与管相辅相成，关系密切。只有建立在茶树各项技术措施密切配合的基础上，才能发挥出茶叶采摘的增产提质功效。采摘茶叶是栽培茶树的目的所在，加强茶树树冠管理和茶园肥培管理是为了多采数多质优的鲜叶原料。

4. 鲜叶采摘标准和适制茶类

不同茶类有其相应的采摘标准。一般来说，依茶类不同可以分为高档名优茶的细嫩采、大宗茶类的适中采、乌龙茶类的开面采和边销茶类的成熟采等多种采摘标准。

（1）高档名优茶的细嫩采

一般是指采摘芽和一芽一叶（图 8-11）以及一芽二叶初展的新

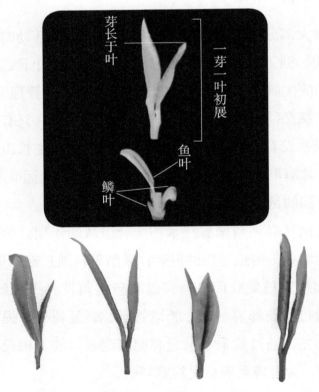

图 8-11　一芽一叶

92

梢（图8-12），这是多数名优茶的采摘标准。前人所称"雀舌""莲心""拣芽""颗粒"等，指的就是这个意思。采用这一标准的有特级龙井、碧螺春、君山银针、黄山毛峰、四川竹叶青及一些芽茶类名优茶等。按此标准采摘，大多集中在春茶前期，花工大、产量低，但经济效益较高。

图 8-12 一芽二叶

（2）大宗茶类的适中采

指当新梢伸长到一定程度，采下一芽二叶（图8-12）、一芽三叶（图8-13）和细嫩对夹叶（图8-14）。这是我国目前内销和外销的大宗红、绿茶最普遍的采摘标准，如炒青、眉茶、珠茶、工夫红茶、红碎茶等，它们均要求鲜叶嫩度适中。研究与实践证明，以一芽二三叶为主的采摘标准，其产量和品质兼优，两者矛盾较小，经济效益较高。如过于细嫩采，品质虽提高，但产量则相对降低，采工的劳动效率也不高。但如果采得太粗老，芽叶有效的化学成分显著减少，成茶的色、香、味、形均受影响。

图8-13　上半部分为一芽三叶

图8-14　细嫩对夹叶

（3）乌龙茶类的开面采

中国某些传统的乌龙茶类，要求有独特的香气和滋味，加工工艺特殊，其采摘标准俗称"开面采"（图8-15）。如鲜叶采摘嫩并带有芽尖，则在加工中芽尖和嫩叶易成碎末，制成的乌龙茶往往色泽红褐灰暗，香气低，滋味不浓；如采摘过老，外形显得粗大，色泽干枯，滋味淡薄。据研究，对乌龙茶香气、滋味起决定作用的醚浸出物和非酯型儿茶素含量高，单糖含量多，乌龙茶品质相应就高。根据化学成分分析，采二三叶的中开面芽梢最适宜于加工乌龙茶。但这一采摘标准，会导致全年批次减少和产量降低。

图 8-15　乌龙茶原料

（4）边销茶类的成熟采

用于加工黑茶和砖茶的原料，采摘标准则比乌龙茶类还要粗老，须待新梢充分成熟、新梢基部已木质化、呈现红棕色时，方可采摘。这种新梢有的只经过 1 次生长，有的已经过 2 次生长；有的一年只采 1 次，有的一年采割 2 次。之所以需要粗老，一是适应消费者的习惯，二是饮用时要经过煎煮，能把粗老叶片和梗所含成分充分煎煮出来。这主要是过去遗留下来的适应饮用习惯和粗放栽培造成的结果，如今在一些生产边销茶和黑茶的茶区，也开始推行粗细兼采的办法。

（三）手工采摘技术

茶叶的采摘分为手工和机械。手工采茶能适应获取名优茶细嫩原料的要求，虽然采摘效率低，但胜在精细，对各类茶叶的采摘标准及对茶叶的采留结合比较容易掌握，现在名优茶生产还基本用人工手采。机械采摘缺少人为对茶芽大小的选择，会给芽叶完整性带来影响，但其采摘效率高，很大程度上节省采摘工，现在大宗茶生产多用机采。

手工采摘技术内容多，涉及面广，主要的技术细节有采摘时期、采摘标准和采摘方法等。

1. 采摘时期

茶叶采摘的季节性强，及时采收鲜叶是茶叶生产的基本要求。不同时期采收的鲜叶原料，加工的茶叶品质有较大的区别。适时采收应因地、因茶类确定适合当地的开采时节。

（1）采茶季节

在我国大部分产茶地区，茶叶生长有明显的季节性。江北茶区（如山东日照）新梢生长期为5月上旬至9月下旬；江南茶区（如浙江杭州）新梢生长期为3月中旬至10月中旬；西南茶区（如云南勐海）新梢生长期为2月上旬至12月中旬；华南茶区（如海南）新梢生长期为1月下旬至12月下旬。一般而言，地处亚热带的茶区，大部分在春、夏、秋季采茶。但茶季没有统一的划分标准，有的以时令分，清明至小满为春茶，小满至小暑为夏茶，小暑至寒露为秋茶；有的以时间分，5月底以前采收的为春茶，6月初至7月上旬采收的为夏茶，7月中旬开始采收的为秋茶。地处热带的我国华南茶区，除了分春、夏、秋茶外，还有以新梢轮次分，依次称头轮茶、二轮茶、三轮茶……八轮茶。在江北茶区，冬季茶园搭棚，棚内温度条件改变，使得茶树在冬季萌芽、采收。

（2）开采期

因气候、品种以及栽培条件的差异，茶树每年每季新梢发芽的迟早、生长速度不同。即便处于同一茶区，甚至同一茶园，年与年之间开采期可以相差 5～20 d。就茶树品种而言，根据其萌发的迟早可划分为特早型、早芽型、中芽型和迟芽型 4 种类型。

一般认为，在手工采摘条件下，茶树开采期宜早不宜迟，以略早为好。特别是春茶开采期更是如此，茶树营养芽经过越冬期休眠以后，提早开采（称"跑马采"），可延长采期，降低生产原料进厂的峰值，确保原料细嫩，加工成的茶叶品质高、售价也高。加上我国广大茶区春季气候温和、雨量充沛，茶树春梢萌发力强、生长整齐旺盛，如不适当提早开采、采期掌握不当，采摘洪峰期就特别明显。遇上春季升温较快时，芽叶生长快，往往会因不能及时采摘，影响茶叶品质。根据各地的经验，采用手工采摘的大宗红、绿茶区，春茶以树冠面上 10%～15% 新梢达到采摘标准就应开采；夏秋茶以 5%～10% 的新梢达到采摘标准则应开采。名优茶生产过程中，在树冠面每平方米有 10～15 个符合要求的芽叶时开采为合适。

2. 手采技术

要采好茶叶，又要培育好茶树，采摘上必须做到按标准、分批多次采，依茶树的树势、树龄留叶采，做到采养合理、统筹兼顾，使茶叶品质、产量长期稳定，发挥最大生产效益和经济效益。

（1）遵循适时手采的原则

茶叶产品对原料嫩度要求高，不同嫩度的原料适制不同的产品，掌握生产目标，适时采摘，对产品质量和茶树生育影响很大。

1）按标准及时采。"不违农时"是农业生产中重要的原则，茶叶生产的季节性尤为强烈，抓住季节及时采是采好茶的关键。若一批、一季采摘不及时，会影响全年甚至多年的产量和质量。

新梢萌发后，随着时间的推移逐渐成熟，如不及时采摘，茶叶品质下降。农谚道"茶叶是个时辰草，早采三天是个宝，迟采三天是棵草"，说明采茶的时间性极强。因此，当茶芽长至所加工产品原料标准要求时，就应及时采下。这样做带来的另一个效应是茶树早采可以促使下轮茶芽早发。从茶树年发育周期的特性来看，在茶树生长季节，具有连续不断地形成可采摘新梢的能力。按标准及时合理地采下芽叶，既刺激腋芽和潜伏芽的萌发，又促进新梢轮次增加，可缩短采摘间隔时间，有效地提高全年芽叶的质量和产量。

按标准及时采，应随时间观察气候的变化，一看气候的变化，二看降水的情况，三看茶树新梢受气温和雨水影响后的生长情况。达到标准的先采，未达到标准的后采。开采后 10 d 左右便可进入旺采时期。在旺采时期内，先采低山后高山；先采阳坡后阴坡；先采沙土后黏土；先采早芽种后迟芽种；先采老丛后新蓬。

2）分批多次采摘。茶树树冠上的每个枝条都着生顶芽和侧芽，这些营养芽在一定的气候条件下都会先后萌发成为一个可供采摘的新梢。如不及时采下新梢上的芽叶，新梢就会形成木质化的枝条；但如及时采下芽叶，新梢失去顶芽，打破顶端优势，养分就多向新梢侧芽输送，加快了侧芽萌发和伸长。因此，分批多次采摘，刺激了各枝条的营养芽的积极活动，使营养芽不断分化，不断萌发和伸展叶片，促使新叶更好地利用光能。在水分和养料的协同配合下，茶树新陈代谢更为旺盛，可采收更多的芽叶。所以采去新梢上的一个芽叶，便可换取更多新梢的形成。

茶树的品种不同、个体不同，发芽有迟有早之分；即使同一品种、同一茶树，因枝条强弱的不同，发芽也有前有后，有快慢之别；同一枝条由于营养芽所处的部位不同，发芽迟早也不一致。一般是主枝先发，侧枝后发；强枝先发，细弱枝后发；顶芽先发，侧芽后发；蓬面先发，蓬心后发。所以，根据茶树发芽不一致的特点，通过分批多次采，可做到先发先采，先达标准的先采，未达标准的留后采，这对于促进茶树生长和提高鲜叶产量和质量都十分有利。

茶树在同一采摘面积上的芽叶数多而重，是构成高产的主要因素。采次多，就增加芽叶数；按标准及时采，保证芽叶质量。但如何分批，应隔几天分一批，受制约因素很多，没有固定的模式。在生产中应用分批勤采，在分批下强调勤，以防失采；在勤的基础上，依茶树新梢生长情况分批；采大养小，批次分清，春茶隔 2～3 d 采一批；夏茶隔 3～4 d 采一批；秋茶隔 6～7 d 采一批。对于嫩度要求高的高档名优茶，采摘周期应缩短为 1～3 d，如西湖龙井茶区，几乎每天采。

茶叶采摘分批的确定，应视品种、气候、树龄、肥培管理条件以及所制茶类原料的要求而定。在生产实践中掌握好五看。一看茶树品种。有的品种新梢生长多集中在春、夏两季，有的较集中于夏、秋季，有的新梢生育速度快，有的生育速度慢。对于新梢生长速度快较集中的，分批相隔天数要短些，批次可多。二看气候条件。气温高、雨水多，茶芽生长迅速，批次要增加；反之，批次可适当减少。广东茶区，春茶往往遇旱季，新梢生长较慢，分批间隔天数可长些，夏、秋季气候较适宜，生长较快，每批相隔天数就要短些。三看树龄和树势。树龄幼小的，需要培养树冠，每批相隔天数就要长些；树势好，生长旺盛的，间隔天数可短些。四看管理水平。肥培管理好，水肥充足，或者生长较快，分隔天数应缩短。五看制茶原料的要求。如采制红碎茶或制珠茶，芽叶标准可稍粗大，间隔天数可适当放长，如果是制名优茶，间隔天数应缩短。

对于具体的一个茶场、一块茶园应分几批才算合理，可参考上述各种情况，随时观察新梢生长的动态变化，准确掌握批次，及时按标准采。

（2）依树势、树龄留叶采

在正常的管理条件下，茶树不同的年龄阶段，有其自身的生长发育规律。合理的茶叶采摘是要根据茶树不同阶段的生育特点，采取不同的采留制度，使之既有较高的产量，又保持有生育旺盛的树势。

1）幼年茶树的采摘。幼年茶树营养生长较为旺盛，属茶树树冠的培养阶段，树冠和根系正处于大量增长时期，顶端优势明显，多为单轴分枝，这一时期的采摘是茶树定型修剪的重要辅助手段，必须贯彻"以养为主，以采为辅"的原则，1~3龄的茶树基本不采，留较多的叶片，保持较大叶面积。也就是在定型修剪的基础上，配合良好的肥培管理。具体做法是：春茶前定型修剪的茶树，当春茶后期茶树高达40 cm以上时，留下三四片叶采；夏梢高达45 cm以上时，留下二三片叶采；秋梢高达50 cm以上时，留下一二片叶采。经第三次定型修剪后，当春梢高达50 cm以上，夏梢高达55 cm以上，秋梢高达60 cm以上时，分别掌握春留二三片叶采，夏留一二片叶采，秋留鱼叶或一叶采。这样，茶树通过3次定型修剪，再配合春、夏、秋梢留养，分枝层次与密度逐渐增加，茶树高度已达60 cm以上，树幅达80 cm左右，树冠已基本形成。此后，结合轻修剪，再实行春留二叶、夏留一叶、秋留鱼叶采摘；当树高到70 cm以上，树幅达到120 cm左右时，就进入到成年茶树的旺采期。在大叶种地区，幼年茶树采摘多结合分段修剪进行。

2）成龄茶树的采摘。成年茶树生长健壮，树冠大而茂密，茶树根系发达布满整个行间，吸收和同化面积大，枝叶生长旺盛，新梢的生长点多，茶叶产量可达高峰，茶叶品质也比较好，也是茶树一生中最有经济价值的时期。因此，成年茶树实施"以采为主、以养为辅，采养结合"的原则，以达到高产稳产目标。一般全年一季留1真叶采，由于留大叶采具有隔季增产效应，为了增加翌年春茶产量，通常采用夏留1叶采。各地的具体做法不甚一致，较多的是在夏茶期间或在春茶旺采期后至夏茶结束前留1叶采，其余各季留鱼叶采。有的则全年基本留鱼叶采，只集中在某一茶季中留下一批不采。若生长势衰弱、树龄大、正常芽叶少、对夹叶多，应注意留养，待树势恢复后，再按生产要求进行正常采摘。

3）更新茶树的采摘。茶树更新后要重新塑造理想树冠，对于改造后茶树的采摘，在树冠尚未达到一定覆盖度之前，要特别强调"以养为主，采高养低，采养结合"的原则，采摘只能作为配合修剪、养好茶树的一种手段。

更新茶树采摘应根据修剪的时期和程度不同而异。深修剪茶树在修剪当年春茶留鱼叶采，并提早结束，于5月上旬进行深修剪。剪后必须留养一季新梢，在新梢生长末期打头采，秋留鱼叶采；第二年轻修剪后，即可按成年茶树的要求进行正常采摘。重修剪茶树，当年夏茶留养不采，秋茶末期打头采；第二年春茶前定型修剪，春茶末期打头采，夏茶留2叶采，秋茶留鱼叶采；第三年春茶剪轻剪，春留1～2叶采，夏留1叶采，秋留鱼叶采，以后即正常留叶采。台刈茶树，当年夏茶留养不采，秋茶末期打头采；第二年春茶前第一次定型修剪，春、夏茶末期分别打头采，秋茶留鱼叶采；第三年春茶前第二次定型修剪，春留 2～3 叶采，夏留 1～2 叶采，秋留鱼叶采；第四年春茶前轻修剪，进入正常留叶采。

（3）采收技术与生产洪峰的调节

茶叶采摘既是收获的过程，又是生产管理的重要措施。采摘措施是否合理，会影响茶树的生育和茶叶的产量与品质，并且影响茶季生产洪峰值的高低和劳动力的安排，影响修剪的效果，影响营养与生殖生长的协调。所以要充分认识采摘的这一特点，使之与其他农业措施相配合，获得最佳的生产效益。

茶树营养芽萌发有一定的持续性和集中性，从而形成了茶季和旺采期。旺采导致鲜叶生产出现洪峰。由于鲜叶生产的不均衡，会影响劳动力安排和茶厂设备的经济利用，同时也会因鲜叶不能及时付制而影响茶叶品质。所以，合理调节鲜叶生产的洪峰，在生产中十分重要。

调节鲜叶进厂加工高峰的措施归纳为两类。一类是扩大厂房的规模，增加茶厂设备，增加茶厂的生产能力，使洪峰期进厂的鲜叶能及时付制，但必然会带来洪峰期过后的机器闲置，造成人力、物力、财力的浪费。另一类是合理运用采摘措施和其他栽培措施，从而调节鲜叶生产的洪峰值和出现的时期，经济有效地协调厂房、机器、劳力等不足的矛盾。此方法是各生产单位易于实施和经济有效的方法。

根据生产单位的实践，茶叶生产的洪峰出现，在不同季节、不同的年份都有所不同，一般春季有 5～10 d 的洪峰期，夏、秋季各为 3～4 d，年最高洪峰日，日进厂的鲜叶量占全年产量的 2%～3%，最多的达 7%～8%。可通过下列措施来解决这一问题。

1）合理搭配品种。茶树品种不同，新梢的物候学特性显著不同，因而品种间新梢的萌发期、生育强度、萌发轮次表现各异，在采摘上也就有所不同。不同品种对有效积温的要求不同，如春季品种间萌发期和开采期迟早相差可达 20～30 d。据在杭州的观察，早生的黄叶早一芽三叶的有效积温 283.1 ℃，开采期在 2 月底 3 月初；广东水仙为 303.5 ℃，开采期在 4 月上旬；中生的毛蟹种的开采有效积温为 548.6 ℃，开采期为 4 月 20 日前后；晚生的政和大白茶的有效积温为 749.1 ℃，开采期则要延到 5 月上旬。因此，将早生、中生、晚生不同品种进行合理搭配，能有效地调节鲜叶洪峰。具体依当地气候条件、茶厂生产加工能力、劳动力状况、生产消费习惯来确定。

2）改变剪采方式。研究表明，春茶前轻剪比不剪的茶树要推迟发芽 5～15 d，剪的程度深，则萌芽迟。因此，同一品种可采用不同修剪时间和修剪强度来调节萌发期，降低鲜叶进厂的峰值。同时大面积茶园为了保持常年稳产高产，老茶树采取轮回更新，既可保持生产的稳定性，又可因修剪的茶树萌芽推迟，达到调节开采期的目的。

3）运用不同剪法和采法来调节。轻剪或不剪的结合重采，重剪的结合轻采；依据茶树个体生长情况，分别留 1 叶、留 2 叶、留鱼叶采，或在不同季节留养，均可达到调节高峰的目的。

名优茶的采制能有效地抑制鲜叶洪峰的出现，错开洪峰期，降低峰值，同时也能获得较高的生产效益。这主要是提前采下的幼嫩芽叶产值比成熟叶高，同时按一芽一叶标准采的芽叶形成的时间比养大采缩短 15～20 d，采期延长，芽数增加，生产质量提高。

（四）鲜叶的贮运与保鲜

鲜叶原料的质量，直接影响成茶品质，做好鲜叶采后的验收、分级以及运输途中和进厂后的保鲜，是一项十分重要的作业。它也是指导按标准采茶、按质论价、明确生产责任的具体措施。

1. 鲜叶验收与分级

在生产过程中，因品种、气候、地势以及采工采法的不同，所采下的芽叶大小和嫩度也有差异，如不进行适当分级、验收，就会影响茶叶品质。因此，在进厂付制之前，将采下的芽叶进行分级验收极为重要。其主要目的：一是依级定价（评青）、按质论价，调动采工采优质茶的积极性；二是按级加工，提高成茶品质，发挥最佳经济效益。

鲜叶采下后，收青人员要及时验收。验收时从茶篮中取一把具有代表性的芽叶观察，根据芽叶的嫩度、匀度、净度和鲜度4个因素，对照鲜叶分级标准，评定等级，并称重、登记。对不符合采摘要求的，要及时向采工提出指导性意见，以提高采摘质量。

嫩度是鲜叶分级验收的主要依据。根据茶类对鲜叶原料的要求，依芽叶的多少、大小、嫩梢上叶片数和开展程度以及叶质的软硬、叶色的深浅等评定等级。一般红、绿茶对鲜叶的要求以一芽二叶为主，兼采一芽三叶和细嫩对夹叶。

匀度是指同批鲜叶的物理性状的一致程度。凡品种混杂、老嫩大小不一、雨露水叶与无表面水叶混杂的均影响制茶品质，评定时应根据鲜叶的均匀程度适当考虑升降等级。

净度是指鲜叶中夹杂物含量的多少。凡鲜叶中混杂有茶花、茶果、老叶、老梗、鳞片、鱼叶以及非茶类的虫体、虫卵、杂草、沙石、竹片等物的，均属不净，轻者应适当降级，重者应予剔除后再予以验收，以免影响品质。

鲜度是指鲜叶的光润程度。叶色光润是新鲜的象征，凡鲜叶发热发红，有异味，不卫生以及有其他劣变的应拒收，或视情况降级评收。

同时，在鲜叶验收中还应做到不同品种鲜叶分开，晴天叶与雨水叶分开，隔天叶与当天叶分开，上午叶与下午叶分开，正常叶与劣变叶分开。按级归堆，以利初制加工，提高茶叶品质。

2. 鲜叶贮运与保鲜

从采收角度而言，鲜叶贮运是保证茶叶品质的最后一关。采下芽叶放置的工具、放置时间，以及装运方法等均会影响鲜叶质量。所以鲜叶采下后，要及时采取保鲜措施，并按不同级别、不同类型快速运送至茶厂付制，防止鲜叶发热红变，避免产生异味和劣变。

鲜叶从茶树上采下后失水加快，呼吸作用增强，使鲜叶体内糖分分解，并放出大量热量。如果呼吸作用产生的热量在鲜叶挤压或通透性不好的情况下，不能及时散发，将进一步促进呼吸作用的加强、有机物质分解和多酚类物质氧化等一系列过程，以致鲜叶逐渐红变。根据我国长期的生产经验，装盛器具以竹编网眼篓筐最为理想，既通气、透风，又轻便，一般每篓装鲜叶 25～30 kg，盛装时切忌挤压过紧，要严禁利用不透气的布袋或塑料袋装运鲜叶。因鲜叶在无氧条件下，无氧呼吸加强，产生乙醇以致变质。尤其是对于雨露水叶，更应严禁挤压过紧，否则散热更困难，鲜叶变质加快，影响茶叶品质。对于装运鲜叶的器具，每次用完后需保持清洁，不能留有叶子，否则容易引起细菌繁殖。

为了做好保鲜工作，鲜叶应贮放在低温、高湿、通风的场所，适于贮放的理想温度为 15 ℃以下，相对湿度为 90%～95%。春茶摊放鲜叶一般要求不超过 25 ℃，夏、秋茶不超过 30 ℃。据测试，当叶温升高到 32 ℃时，鲜叶开始变红；叶温升高到 41 ℃，约有 1/4 鲜叶变红；叶温升至 48 ℃，鲜叶则几乎全变红。鲜叶在贮放过程中应常检测叶温，如有发热应立即翻拌散热，翻拌动作宜轻，以免鲜叶受伤发红。

鲜叶贮放的厚度，春茶以 15～20 cm 为宜，夏、秋茶以 10～15 cm 为宜，具体则根据气温高低、鲜叶老嫩和干湿程度而定。气温高需要薄摊，气温低可略厚些；嫩叶摊放宜薄，老叶摊放可略厚；雨天叶摊放宜薄，晴天叶摊放可略厚。

总之，鲜叶的验收分级、贮运与保鲜，是鲜叶管理工作的重要环节，技术措施得当与否，直接影响茶叶品质与经济效益，生产上应引起足够的重视。

（五）机械采摘技术

茶产业是劳动密集型产业，其中耗费劳动用工最大量的茶叶采摘作业，茶叶的生产成本中有 60%～70% 为人工采茶所耗资。如能实现机械采摘，能降低成本，提高生产效率。

1. 机采茶园培养

机械采茶对茶园有特定的要求，机采的效率、机采鲜叶的质量，乃至能否进行机采均与茶园地形、种植方式、树冠形状等密切相关。为使标准茶园符合机采要求，必须了解机采茶园的地形、道路、种植方式等的规划与设计，培养机采树冠，选择机采茶树品种等。

（1）机采茶园规划与设计

1）行距设计。机采茶园的行距应根据采茶机的切割幅度和有利于茶树成园封行两个因素来设定。适合现有采茶机切割幅度的茶园行距为 1.5～1.8 m。从有利于提高茶园覆盖度、获得茶叶高产的角度考虑，我国机采茶园的行距，无论中小叶种和大叶种地区，均建议以 1.5 m 左右为宜。

2）茶行长度设计。机采茶园的行长应根据两个因素来确定，一是采茶机集叶袋的容量，双手采茶机集叶袋容量约为 25 kg（鲜叶）；二是采摘高峰期单位面积茶园 1 次采摘的鲜叶量，产量较高的茶园全年中最高 1 次的鲜叶采摘量为 500～600 kg/ 亩。据此计算，机采茶园茶行的理想长度为 30～40 m。

3）茶行走向设计。机采茶园茶行走向的设计以方便采茶机卸叶、便于茶园管理作业和减少水土失流失为依据。缓坡地的茶行走向应与等高线基本平行，梯地茶行的走向应与梯壁走向一致，不能有封闭行。

4）梯面宽的设计。机采茶园当地面坡度大于 15° 时就要修筑梯地。梯面宽度设计公式如下：梯面宽（m）= 茶树种植行数 × 行距 +0.6。

5）种植方式。机采茶园必须采用条列式种植，每行的条数可为 1～3 条。试验表明，在大叶种地区采用多条密植方式是增强云南大叶种机采适应性的有效途径，广东省粤西垦区推广"云南大叶种—密植免耕—机械采茶"的模式已初步成功，并显示出高产、优质、提早成园的优势。

（2）机采茶园的树冠培养

1）适宜机采的树冠形状。机械化采茶要求茶树的采摘面平整划一，树冠有特定的、规格化的形状，新梢生长整齐、旺盛。目前，采茶机分弧形和平行两种，所以也只有弧形与平形两种树冠形状才适合机采。

2）机采茶园的树型模式。运用国内外有关技术资料，设计我国现行茶园种植规格（条列式，行距 1.5 m）的机采树型模式，如图 8-16 所示。采用这一模式树型，在行间留 20 cm 操作间隙的情况下，采摘面积比（采摘面积／土地面积 ×100%）可达 100%，而在同样的情况下，平形的采摘面积比只有 87%。

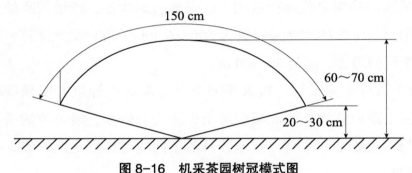

图 8-16　机采茶园树冠模式图

（3）机采茶园的肥培管理

机采茶园除了手采茶园一般的需肥特性外，具有以下几个特点。一是机采全年的批次少。手采一般每年采摘 20 批以上，而机采只有 4～6 批。二是采摘强度大。机采每批采摘鲜叶量平均为 200 kg/ 亩，高的可达 500 kg/ 亩以上。三是树体机械损伤大。所以，对机采茶园的施肥，既要考虑平衡供给，又要考虑集中用肥。

浙江省地方标准《机械化采茶配套技术规程》规定，机采茶园施肥的原则是重施有机肥，增施氮肥，配施磷、钾肥和叶面肥。机采茶园的施肥标准，可用上年鲜叶产量来确定，每 100 kg 鲜叶年施肥纯氮 4 kg 以上，并适当配施磷、钾肥及微肥，全年按 1 基 3 追肥的比例施用。湖南省地方标准《机械采茶技术规程》规定，机采茶园每年施 4 次追肥，施肥量按鲜叶产量确定，每 100 kg 鲜叶施纯氮 4～5 kg，各次施肥的时期与比例为：第一次 3 月上下旬，施全年追肥总量的 40%；第二次 5 月中旬，施全年追肥总量的 20%；第三次 7 月中下旬，施全年追肥总量的 20%；第四次 9 月下旬至 10 月，结合基肥施 20%。广东省制订的《大叶种茶园机械化采茶技术暂行规程》提出，每 100 kg 鲜叶施纯氮 5～6 kg，氮、磷、钾肥配合比例为 4∶1∶1.5，每采两批茶施 1 次肥料，全年施肥 4～5 次。

（4）机采茶园的留养

连续多年机采会使茶树叶层变薄，叶面积指数与茶园载叶量下降，影响茶树的正常生长。留养可以增厚叶层，增加叶量，调节树体营养"源"与"库"的关系。因此，留养技术是机采茶园栽培管理上十分重要的技术。

1）留养的生物学意义。机采茶园的树冠密集，新梢生长表面化程度高，有目的留养是增加机采茶园叶层厚度、叶面积指数、载叶量的有效途径。机采茶园叶层厚度与叶面积指数、茶园载叶量之间均有着显著的正相关，春茶后的调查值相关系数达到 0.798 与 0.810。当叶面积指数与茶园载叶量分别为 Y_1、Y_2，叶层厚度为 X 时，它们之间的回归关系为 $Y_1=0.35X-0.514$，$Y_2=55.873X-175.684$。因此，通过控制留养程度可以调整机采茶园的叶层厚度，进而有效地调节叶面积指数与茶园载叶量。

机采使叶片大量受伤，这无疑会影响叶片功能，降低叶层质量，通过留养可显著改善机采茶园的叶层质量。据测定，机采留叶的受伤率高达 61.4%，而手采只有 22.9%。留养可以增加机采茶园叶层中完整叶的比例，秋梢全留的完整叶比例为 70.7%，半留的为 70.0%，全采的仅 39.0%。

通过留养还可调整机采茶园的产量构成。试验表明，机采茶园新梢密度随着留养量（秋梢）增加而降低，混合新梢的个体重量则因此而增加。机采茶园的新梢密度是一个可控的指标，在不同阶段和茶园长相情况下可以分别采用留养、修剪等栽培措施调控新梢密度。

2）留养的经济效果。试验表明，留养秋梢对当年秋茶产量的影响，全留区为零，半留区减产 70%；第二年春茶产量仍以全采区较高（56.8 kg/ 亩），半留区次之（37.3 kg/ 亩），全留区最低（20.6 kg/ 亩）。从第二年夏茶起，留养秋梢的开始增产，一直持续到第三年仍保持着增产的趋势。第二年、第三年两年产量合计，全留区最高达 726 kg/ 亩，半留区为 692 kg/ 亩，全采区最低为 639 kg/ 亩。加上留养当年的秋茶产量仍以全留区最高，较全采区增产 7%，半留区较全采区增产 4%。

因此，当机采茶园的叶层变薄、叶面积指数变小、新梢密度过大时，留养是一项重要的增产措施。同时，通过留养增加了新梢的个体重量，调节了开采期，在采摘洪峰期不致因采制来不及而使茶梢老化，从而提高整体品质。

3）留养方法如下。

留养的标准与周期：留养通过调节叶量而作用于茶树生长和茶叶产量、品质，所以具体要根据机采茶园叶量的多少来确定。根据湖南省茶叶研究所调查，连续机采 5~6 年后，茶树叶层厚度将降至 10 cm 以下，叶面积指数也会相应地降至 3 左右，而此时的新梢密度也正好达到阈值，如叶量再减少，就会影响茶树生长。因此，可将叶层厚度小于 10 cm、叶面积指数低于 3 作为机采茶园需要留养的园相指标。从留养后叶层变化情况来看，机采茶园留养周期可以定为 3 年左右。

留养时期：机采茶园留养的时期可根据 3 个因素确定。一是根据茶叶产量的季节分布特点来确定留养时期，以减少当季的损失，从经济效果上考虑应选择在一年中产量比例小、茶叶质量差的轮次作为留养时期，如湖南、浙江一带可选择在秋季的 4 轮茶留养，广东则可选择在春季 1 轮茶或秋季末轮茶留养。二是根据留养的目的来确定留养时期，如果需要利用留养调节采摘洪峰，则可在洪峰茶季之前对部分茶园进行适度的留养。三是根据茶树生长情况来确定留养时期，如茶树遇到严重灾害造成叶量大量减少时，则应及时留养，以恢复生机。

留养的程度：用于恢复树势的留养程度宜大，用于调节采摘期的留养程度宜小，但一般是两种功能兼而有之的，所以确定留养程度的主要依据是留养前茶树的叶量。叶量大的少留，叶量小的多留。留养后的叶层厚度应控制在 20 cm 以下，叶面积指数应控制在 5 左右。留养时，应注意以下两点。一是深修剪与留养相结合，对已经出现鸡爪枝层或树高过大的茶树，应先行深修剪，再行留养。二是留养后的轻修剪：通过留养机采，茶园失去了平整的采摘面，在下轮新梢萌发前需要进行轻修剪，重新平整采摘面。也可以在留养的后期进行一次轻采，用提高采摘刀口高度来以采代剪。

2. 机械采茶技术

机采茶园采摘批次少，每次采摘量大，掌握采摘适期、采摘标准和操作方法，对产量、品质、茶树生长、安全作业均有着十分重要的作用。

（1）机采适期

对适制红茶、绿茶的标准新梢一芽二三叶及其对夹叶在单位面积内新梢总量中所占比例分 40%、60%、80% 及 90%。在以上 4 个采摘期，随着采摘期的推迟，产量逐渐增加，无论春茶或夏茶，标准芽叶比例每增加 10%，产量可增加 10%～20%。

就茶园产值而言，春茶标准新梢 80% 开采，夏茶标准新梢 60% 开采时，经济效益达到最高值。考虑到茶叶市场有向高档、优质化方向发展的趋势，一般认为红茶、绿茶类标准新梢达到 60%～80% 时，为机采适期。

此外，春茶开采期迟早对夏茶生育及全年产量也有一定影响。随着春茶采摘期的推迟，夏梢的萌发期逐渐变晚，规律性很强。上轮茶开采期对下轮茶新梢密度的影响表现在开采期适中的下轮新梢密度较大。开采期适中的对全年产量有利，若开采期过早，不仅当季产量低，而且影响全年产量；若开采期过迟，虽当季产量高，但影响了下轮茶的生长，全年产量反而低。

（2）机采标准与鲜叶质量

1）机采标准。机采标准随着茶类的变化而有很大差异。例如，一般适宜加工珠茶的芽叶长度为 5 cm。结合新梢长度与物候期两个因子，提出机采开采期标准为：5～6 cm 长的一芽二三叶和同等嫩度的对夹叶比例，春茶达 70%～80% 开采，夏茶达 60% 开采，秋茶达 50% 开采。

广东省初步制订的机械采摘适期：红茶、绿茶一芽二三叶和同等嫩度的对夹叶比例，春茶为 40%～50%，间隔期 16～18 d；夏茶为 60%～80%，间隔期 18～20 d；秋茶为 60% 左右，间隔期为 20 d。乌龙茶一芽二叶至四叶和开面一梢三四叶的比例，春茶为 60%～70%，夏茶为 50%～60%，秋茶为 40%～45%。

2）机采鲜叶质量。机采鲜叶质量可以从 3 个方面来衡量：即嫩度、净度、完整率。通常情况下，机采鲜叶可按照手采鲜叶的进厂验级标准予以定级。湖南、浙江、江苏等省按此方法定级，经过多年的生产与试验表明，机采鲜叶在等级上明显优于手采鲜叶。湖南省手采鲜叶 1～3 级的比例大致为 60%，而机采鲜叶 1～3 级的比例却达到 80% 以上。机采效率高，可以做到及时采摘，保证了鲜叶的嫩度，从整体上提高了鲜叶的品质。1988—1989 年，杭州茶叶试验场对 33.3 hm² 机采茶园与 13.3 hm² 手采茶园进厂鲜叶的评级结果进行统计，结果表明机采鲜叶多为 2～4 级，其中 1～3 级高档鲜叶占 38.6%，比手采高 10.76 个百分点；6～7 级低档鲜叶占 1.44%，比手采低 14.86 个百分点。机采鲜叶全年综合评级平均为 3 级 6 等，比手采鲜叶 4 级 7 等平均提高 1 个等级。

3）不同树龄茶园的机采方法。幼龄茶园属树冠培养阶段，一般经过 2～3 次定型修剪，树高达 50 cm、树幅达 80 cm 时，就可以开始进行轻度机采。在树高、树幅尚未达 70 cm × 130 cm 时，应以养为主，以采为辅。用平行采茶机，每次提高 3～5 cm，留下 1～3 张叶片采摘。开采期也相应比成龄茶园推迟 1 周以上。

更新茶树的采摘方法，须根据修剪程度而定。一般做法：修剪程度重的茶园，如台刈、重修剪，在当年只养不采，第二年春茶前进行定型修剪，以后推迟开采期，每轮提高采摘面 5 cm 左右采摘春、夏、秋茶；第三年每轮采摘提高 3 cm 左右；当树高、幅度在 70 cm × 130 cm 以上时才能转入正常采摘。

壮龄期是茶树的稳产、高产阶段，这一时期的采摘原则是以采为主，以养为辅。机采时，春、夏、秋茶留鱼叶采，秋茶根据树冠的叶层厚薄情况，适当提高采摘面，采养结合。必要时秋茶可留养不采。

（六）机械化采摘作业

茶园中的机械化采茶作业，主要应掌握双手采茶机和单人采茶机两种作业形式。

1. 双人采茶机的采摘作业

双人采茶机由两人手抬作业，机器置于茶行蓬面之上，操作者分别行走在采摘茶行两边的行间，手抬机器进行采茶作业，左边远离汽油机一端的操作者为主机手，另一位操作者为副机手，位于机器后边的集叶袋被拖拽前进（图8-17）。

图 8-17　双人采茶机作业

作业时，一般是由 5 人组成 1 个机采作业组，两人充当主、副机手；两人随后协助拉拽集叶袋，以免在袋中集叶过多时，集叶袋拉扯过重而影响其寿命，同时也可减少主、副机手的操作强度，在集叶袋装满时及时换袋；另一人做辅助工作。作业组所有 5 人均要轮换操作位置，以做到适当休息。双人采茶机的操作方法：近汽油机一端的主机手手持采茶机手柄，背对采茶机前进方向后退行进作业；副机手则双手持采茶机手柄前进作业。机器前进时，应与茶行轴向呈一定角度，角度大小应根据茶蓬采摘宽度和机器采摘幅宽确定。一般行距 150 cm、行间操作间隙为 20 cm（茶蓬采幅 130 cm），若采茶机的切割幅度宽为 100 cm，则适宜的采摘前进夹角为 60°。双人采茶机一般需来回两个行程才能采完 1 行茶树，去程应采去采摘面的 60%，即采摘宽度要超过茶行中心线的 5～10 cm，回程再采去剩余的部分。采摘过程中主机手应时刻注意要把近自己一侧采到位，并时刻注意刀片的采摘高度与控制采摘质量，使刀片保持既要尽可能采尽新梢，又尽量不采入老梗和老叶；回程时副机手还应注意要控制刀片采摘高度与去程一致，同时既要采净采摘面中部的新梢，又要尽量减少重复采摘的宽度，以减少鲜叶中的碎片比例。作业时副机手要密切配合主机手的作业，由于机器墙板的遮挡，一般副机手很难看到刀片的切割状况，但采茶机汽油机的端墙板下部设有一红色标志，它正好与刀片的高度一致，可作为副机手判定刀片采摘高度的参考。此外，双人采茶机作业时，因为由与茶蓬大面积吻合的导叶板托住前进，采摘时实际上是由机手尤其是主机手，在保持机器前部即刀片切割处稍稍抬起的状况下拖拉前进，这样掌握了采摘高度，使茶蓬分摊了一部分机器重量，从而减轻了主、副机手的劳动强度。同时，双人采茶机作业时，如采摘原理分析时所述，前进速度不可太快或太慢，以保证机器和操作人员的安全，并保证鲜叶采摘质量和作业工效，作业时两机手应尽可能匀速前进，速度掌握在每分钟 30 m 为宜，汽油机转速控制在 4 000～4 500 r/min。

2. 单人采茶机的采摘作业

单人采茶机作业时，一般由 2 人组成 1 个作业组（图 8-18）。1 人操作机器实施采摘，1 人辅助并在集叶袋装满时帮助拉袋及换袋，并与操作者轮换作业。

图 8-18　单人采茶机作业

作业时操作者背负汽油机，双手持机头，由于汽油机位于操作者的腰、臀部，所以要适当调整背带长度。单人采茶机采摘时操作者采取后退作业方式，由于单人采茶机的机动性较好，能适应较复杂地形的茶园采摘，但操作难度较大，采摘过程中每刀应从茶行树冠边缘采至茶行的中轴线，即保持机头采摘前进方向与茶行走向尽可能垂直。单人采茶机采摘也是来回两个行程完成 1 行茶树的采摘，也要注意两个行程中间新梢的采净，并尽可能减少重复采摘，以提高采摘叶的质量并提高作业效率。

3. 乘坐式采茶机

乘坐式采茶机是一种可在机器上乘坐操作进行采摘作业的采茶机。其行走装置有履带式的，也有轮式的。作业驾驶室全部安装在与两侧行走机构连接的"龙门"机架上。"萨卡尔特维洛"乘坐式采茶机的行走装置就是轮式结构；而日本使用的多种乘坐式采茶机都是采用履带式行走装置。作业时，两侧履带或轮胎分行行走在茶树相邻的两行间，是一种高架跨行作业的采茶机形式。日本使用的乘坐式采茶机，除配套采茶机和茶树修剪机外，还配套用于茶园病虫害防治的防除机和用于中耕施肥的施肥中耕机等机具。

三、肥

在茶树整个生命周期的各个生育阶段，总是有规律地从土壤中吸取矿质营养，以保持其正常生长发育。剪或采下的鲜叶会带走一定数量的营养元素，茶园土壤中各种营养元素的含量又相对有限，而且彼此间的比例也很不平衡，不能随时满足茶树在不同生育时期对营养元素的需求。施肥是茶叶生产持续发展的物质基础，是增加茶叶产量和提高茶叶品质的一项关键技术。因此，为满足茶树生育所需，促使茶树树体的正常生长，在栽培过程中，应依据茶树营养特点、需肥规律、土壤供肥性能与肥料特性，运用科学施肥技术进行茶园施肥，以最大限度地发挥施肥效应，达到满足茶树生育需要，提高芽叶内含成分，改良土壤，提高土壤肥力等目的。

标准茶园施肥的目的一方面是保证茶树充足的营养供应，提高茶叶的品质和经济效益；另一方面，通过施肥培育茶园土壤，同时尽量避免或减轻施肥对茶园环境可能造成的不良影响。"好茶是养出来的"。因此，标准茶园管理中必须通过合理施肥以补充和调节土壤中的营养元素，从而满足茶树生长发育过程中对营养元素的要求，实现茶叶优质高产。

目前，我国茶叶生产的施肥结构还很不合理，普遍存在着施肥不科学、肥料投入不足、粗放施肥方式、施肥结构及比例失调等肥料施用误区，严重影响着茶树的优质高产。标准茶园在现代施肥中，强调根据茶树品种、环境条件及栽培措施等因素，进行综合分析，以确立施肥时期、施肥量、施肥方法及肥料种类，才能达到科学施肥、经济用肥、提高肥料利用率的目的。施肥上应掌握：重有机肥、重基肥、重春肥、重氮肥、重根肥。

（一）高产茶园的土壤肥力指标

根据茶树高产必须具备的主要土壤条件，可以把茶叶高产土壤的特点归纳为：有效土层深厚疏松，耕作层比较肥厚，心土层和底土层稍紧而不坚实，土体构型良好；质地不过黏过砂，既能通气透水，又能保水蓄肥；酸性反应较强，盐基含量适度；有机质和其他养分含量丰富；作为土壤肥力四因素的水、肥、气、热彼此协调。综合各地调查材料，现将优质高产茶园的主要理化性状参考指标归纳如下（表8-4）。

表 8-4　高产优质茶园土壤主要理化性状参考指标

主要性状	指标	主要性状		指标
有效土层	80 cm 以上	酸度	水浸出液	pH 值 4.0～5.4
			监浸出液	pH 值 3.5～5.0
表土层（耕作层厚度）	20 cm 以上	交换性铝 Al^{3+}		每 100 g 1～4 mmol
土壤质地	砂壤土—重壤土（带砾石）	交换性钙 Ca^{2+}		每 100 g 4.0 mmol 以下（CaO 0.1% 以下）
容重	表土层 1.00～1.20 g/cm^2 心土层 1.20～1.45 g/cm^2	盐基饱和度（壤土质）	钙	Ca^{2+} 50% 以下
			镁	Mg^{2+} 10% 上下
			钾	K^+ 5% 以上
孔隙率	表土层 50%～60%	耕作层	有机质	1.5% 以上
	心土层 45%～60%		全氮（N）	0.10% 以上
三相比	表土层 固相：液相：气相 =50：20：30 左右 心土层 固相：液相：气相 =55：30：15 左右		有效氮（N）	100 mg/kg 以上（水解性氮）
			速效磷（P_2O_5）	10 mg/kg 以上（稀盐酸浸提）
透水系数	10^{-3} cm/s 以上		速效钾（K_2O）	80 mg/kg 以上（醋酸铵浸提）

资料来源：《中国茶树栽培学》（中国农业科学院茶叶研究所，1986）。

注：土壤容重、养分含量等一些容易变动的性状是指全年茶季结束后，茶园土壤处于相对稳定时期的基础含量。

（二）茶树对营养元素的基本需求

与其他高等植物一样，因生长所需，茶树从环境中吸取必需的营养元素，有碳、氢、氧、氮、磷、钾、钙、镁、硫、锌、铁、铜、锰、硼、钼和氯等，其中碳、氢、氧主要来自空气和水，其他元素则主要来自于土壤，茶树不同器官养分的含量见表 8-5。

表 8-5　茶树不同器官养分的含量

（单位：g/kg）

器官	氮	磷	钾	钙	镁	锰	铝	铁
嫩叶	41.4	7.4	26.4	2.3	4.2	1.0	0.9	0.14
成熟叶	30.2	5.7	25.2	4.9	2.7	2.9	6.5	0.35
枝干	8.9	2.3	6.5	2.9	2.4	0.5	0.8	0.42
根	16.6	8.4	16.9	2.5	10.8	2.8	5.8	2.52

资料来源：《茶叶优质原理与技术》（程启坤，1980）。

　　铝和氟在茶树体内的含量较高，但不是茶树生长的必需元素。一般而言，茶树中氮、磷、钾、镁、硫、锌、铜等元素的含量，以生长活跃部位如芽、嫩叶和新生根中较高，而钙、锰、铁、铝、氟等在成熟叶中的含量较高。茶树是叶用作物，表 8-6 列出茶树新梢矿质元素含量。

表 8-6　茶树新梢矿质元素含量

元素	含量（g/kg）	元素	含量（g/kg）
氮	35～60	锰	300～1 500
磷	2～10	铁	70～140
钾	16～30	锌	10～65
钙	1.4～5.7	铜	8～30
镁	1.2～3.0	钼	0.1～1.0
氯	0.1～0.4	硼	5～20
硫	2～4	氟	20～350
铝	0.1～1.0		

资料来源：《中国茶树栽培学》（杨亚军，2005）。

　　根据茶树生长对养分需求量的多少，将必需营养元素分成大量元素和微量元素。碳、氢、氧、氮、磷、钾、钙、镁、硫等属于大量元素，它们通常直接参与组成生命物质，如蛋白质、核酸、酶、叶绿素等，并且在生物代谢过程和能量转换中发挥重要作用；而锌、铁、铜、钼、氯、硼等这些元素因植物的需要量较少而被称为微量元素，也在物体内发挥许多重要的作用，如成为酶的组成成分或活化剂等。这些营养元素在植物体内的吸收形态和主要生理功能见表 8-7。

表 8-7　茶树矿质营养成分、吸收形态和主要生理功能

营养元素	吸收形态	主要生理功能
氮	NO_2^-、NH_4^+	组成细胞的主要成分如氨基酸、蛋白质、核酸、叶绿素等，被称为生命元素
磷	$H_2PO_4^-$、HPO_4^{2-}	核酸的主要成分之一，在植物能量代谢和蛋白质代谢中发挥关键作用
钾	K^+	参与渗透调节和离子电荷平衡调节，为蛋白质、碳水化合物等代谢所必需
钙	Ca^{2+}	在细胞分裂、保持生物膜完整性、信号传导等过程中起重要作用
镁	Mg^{2+}	叶绿素的组成成分，多种酶的活化剂，参与光合作用、蛋白质和核酸合成过程
硫	SO_4^{2-}	蛋白质、氨基酸和辅酶的成分
铁	Fe^{2+}	组成酶的成分，参与呼吸作用、光合作用等代谢过程
锌	Zn^{2+}	组成酶的成分或活化剂，参与核酸合成、生长素等代谢
锰	MnO^{2+}	一些酶的成分或活化剂，参与光合作用等过程
铜	Cu^{2+}	一些酶的成分或活化剂，参与呼吸作用、光合作用等过程
硼	H_3BO_3	在多种生理过程中起作用，如核酸、蛋白质合成，细胞壁形成，维持细胞膜的正常功能等
钼	MoO^{2+}	参与硝酸还原过程，为氮代谢所必需
氯	Cl^-	参与光合作用、渗透调节和离子电荷平衡等过程

资料来源：《中国茶树栽培学》（杨亚军，2005）。

（三）茶树生育周期的养分吸收特性

不同树龄的茶树其个体发育阶段不同，对养分的吸收和需求各有侧重。

1.幼龄茶树对养分的需求特点

幼龄茶树生长快，营养生长占据主导地位，吸收的养分主要供根、茎、叶及芽的生长。据中国农业科学院茶叶研究所资料，1年生的茶苗，在正常生长条件下，每株吸收的氮、磷、钾分别为 316 mg、52 mg、156 mg；而到第三年，氮、磷、钾的吸收量增加 10～11 倍，分别达到了 3 768 mg、619 mg 和 1 845 mg。幼龄茶树施肥的目的是培养庞大的根系和健壮的骨架枝，增加侧枝分生密度，扩大树冠覆盖度，在栽培管理上为了快速成园和提早开采，一般要进行 3 次定型修剪，因此对磷、钾等养分的需求相对较高。幼龄茶树对养分的绝对需求量较少，组织较幼嫩，抗逆性较弱，应避免过量施肥对茶树产生伤害，且不施氯、钙等容易引起危害的元素。施肥时必须沟施，切勿抛施，旨为逐步诱导根系向土壤深层延伸，达到根深叶茂的目标。

2.成龄茶树对养分的需求特点

成龄茶树是生长发育相对稳定的时期，吸收的营养物质主要用于芽叶生长。但这一时期的茶树生殖生长也比较旺，有相当数量的养分被开花和结实所消耗。对于以采叶为主的茶园，施肥的目的是尽可能促使茶树保持营养生长，减少生殖生长。茶树营养生长与生殖生长对主要养分的需求是不同的。据中国农业科学院茶叶研究所调查，茶树芽叶氮（N）、磷（P_2O_5）、钾（K_2O）的比例约为

1:0.16:0.42，而花蕾的氮、磷、钾含量的比例为 1:0.33:0.83，可见茶树的营养生长需要较多的氮，而生殖生长需要较多的磷和钾。

特别指出的是，茶树是采叶作物，对氮的需求量最大，而茶园土壤有效氮十分缺乏，难以供给茶树充足的氮素。因此，对标准茶园来说，氮是茶树生长的第一限制因子。氮肥效果十分显著，是茶园中最普遍使用也是施用量最大的一种肥料。为了获得高产优质茶叶，需要不断供给茶树充足的氮素。当然，这并不意味着施氮量越多越好。在施用氮肥时，必须配合施用磷肥、钾肥。据有关的肥料长期定位试验，氮、磷配合在 10 年中平均比单施氮肥增产 33.7%，氮、钾配合比单施氮肥增产 10.8%，而氮、磷、钾三者配合增产幅度高达 49.6%，足见氮、磷、钾配合施用可显著提高施肥的增产效果。同时，氮、磷、钾配合施用可显著提高茶叶品质成分，茶树叶片和根部的氨基酸的含量及水浸出物含量均以氮、磷、钾配施的处理最高。

3. 茶树年生育周期的养分吸收特点

茶树是多年生植物，在中国大部分地区随着气候条件的变化，对养分的吸收和利用呈现明显的变化，并与茶树新梢生育时期密切相关。

在通常条件下，茶树吸收的氮素被分配到根系、茎、和新梢之中。在中国大部分茶区，茶树吸收以 4—6 月、7—8 月、9—11 月为多，其中前两期的吸收量占总吸收量的一半以上（表 8-8），而且吸收的氮素在茶树体内的分布也有不同。在 3—4 月和 6—9 月期间，茶树吸收的氮素主要提供给新梢生长，在根中的分配相应减少；到了地上部停止生长的 10 月至翌年 2 月，氮素主要分配到根系中。春茶期间吸收的氮中有 94% 被输送到地上部供新梢生长，在春茶结束的 5 月和即将进入休眠期的 10 月，吸收的氮素则主要分配到叶片和根系之中。

表 8-8　茶树对氮、磷、钾的吸收动态

（单位：%）

月份	氮	磷	钾
9 月	18	28	33
10 月至 11 月	21	7	21
12 月至翌年 3 月	6	2	3
4 月至 6 月	24	49	26
7 月至 8 月	31	4	23

资料来源：《中国茶树栽培学》（杨亚军，2005）。

　　茶树对吸收的氮素还有很强的贮存和再利用能力，除了一部分被用于生长之外，多余部分可以贮存在茶树的根、茎和叶，供以后生长所需，这一现象可以发生在全年。即使在第一年 5—8 月生长季节，每月施下的氮肥（^{15}N）仍能为翌年的春茶生长提供约 5% 的氮素。茶树氮素贮存和再利用特性在秋、冬和早春季节特别明显，^{15}N 标记试验结果表明，从 10 月下旬到翌年 2 月下旬的越冬期间所吸收的氮占有相当的比例，其中以根系所占的比例最高（肥料氮占全氮的 52.4%），这部分氮在开春后不断地向地上部转移，表现为根系中的 ^{15}N 比例下降，而地上部特别是芽叶中的比例迅速提高（表 8-9）。因此，尽管茶树在 10 月至翌年 3 月的吸收量占全年吸收量的比例不高，但这部分氮主要以储藏形式存在，对翌年春茶的产量和品质有很大的影响。有研究表明，春茶生长所需的氮素，只有 27% 的氮素是新芽萌发后茶树根系新吸收的，其余的 73% 是茶树体内贮存氮素的再利用，其中叶片贡献了 41%，根系贡献了 23%，茎提供了 9%。

当然，叶片贡献部分还可能包括了因衰老而运出的部分。

表 8-9 秋、冬季吸收的肥料氮（^{15}N）在茶树各器官中的分配比例

（单位：%）

取样时间	根	茎	幼嫩叶	芽	新叶	老叶	合计
2月27日	78.9	8.2	0	1.3	0	11.6	100
3月27日	49.7	13.7	0	4.3	0	32.3	100
5月10日	18.1	6.9	8.8	11.3	33.6	21.3	100

磷的吸收集中于4—6月和9月，一年中茶树营养生长最旺盛的是春季，以形成芽叶为主，对磷的需求比较大；生殖生长最旺盛的是夏、秋季，特别是6月以后花芽开始分化并在秋季进入开花期，在夏、秋季节茶籽的生长也进入旺盛期，对磷的需求比较迫切。为此，要避免施过多的磷肥，以防止过盛的生殖生长，影响芽叶产量。如在夏、秋茶期间单独用磷肥进行根外追肥，会大量增加茶树花果，降低茶叶产量。

钾的吸收可在整个生长季节发生，相对以12月至翌年3月最少。

当然，由于中国各地茶区气候差异大，茶树对氮、磷、钾的吸收分配、贮存及消耗等的动态变化也有所不同。例如，在山东等地区，由于春天低温干旱，茶树对养分的吸收比较低，而在7—8月气温高，雨水充沛，茶树生长快，吸收的养分也多，成为全年的吸肥高峰期；而在华南茶区，茶树生长季节长，月份差异小，对养分吸收也就比较均匀。

（四）茶树对肥料的需求特点

研究需求特点，可为探寻茶树吸收利用土壤中肥料养分的数量、时期以及利用效果，从而为合理施肥提供依据。

1.需肥的连续性

茶树是多年生叶用作物，在茶树个体发育中，前一时期的发育动态在一定程度上制约着后一时期来临的早晚和持续时间的长短，也影响茶叶的产量与品质。因此必须认识和掌握各时期的变化规律，采取合理的肥水管理措施，以获得茶叶持续稳产高产。在采叶茶园里，茶树每年生长的芽叶，有半年以上的时间被分批多次采摘，而在纬度低的南方茶区，几乎全年采摘。不间断的采摘幼嫩芽叶，致使各种营养元素也会随着芽叶的采摘而带走，为了保证茶树持续生长与养分平衡供应，在施肥管理上必须遵循其需肥的连续性，通过及时追肥来补充土壤中某些营养元素的缺失。

2.需肥的集中性

在茶树年生长周期中，随着季节的变化，加之茶树自身生长特点，表现出相对休止期和生长旺盛期交替进行的特点。休眠期根系生长量少，养分吸收和需求量相对较少，而生长旺盛期，根系大量生长，且吸收能力增强，对养分的需求量剧增，既是施肥的最大效率期，也是施肥相对集中的关键时期，应在旺长期前足量追施氮、磷、钾肥。

3.需肥的阶段性

在茶树的一生当中和茶树的年生长周期中，茶树对养分的需求不论是在数量上，还是在吸收能力上都呈现出明显的阶段性。如幼苗期茶树对氮、磷的反应敏捷和迫切，在施用氮肥的基础上配施磷钾肥，对幼年茶树的生长发育有良好效果。在年生长周期内，随着整个生长季节不同和气候条件的差异，对氮磷钾需求量和吸收量能力也有所不同。如低温对磷素吸收的影响就大于氮素和钾素，因此在北方茶园和南方的冬春低温季节，需注意磷肥的施用，以满足茶树在低温条件下对磷素的需求。茶树进入采收期之后，其生长发育特点又与幼龄茶树不同，开始进入茶树的最大营养效率期，对各种养分的需求数量最多，吸收能力最强，此期及时充足的养分供应，有利于高产稳产。且在年生长周期中，都是根系和营养芽最先活动，以营养生长领先，继而进行生殖生长，在养分管理上，应注意于根系开始活动前进行施肥，以促进营养生长，控制生殖生长为重点。在施肥中需注意茶树不同生育期的吸肥特点，对于确定施肥的种类、时期，充分发挥肥效很有参考价值。

4.需肥的多样性

茶树从土壤中吸收氮磷钾三要素及诸多营养元素，茶树对它们的需要量有多有少，个别营养元素的需求量甚至很少，但任何一种必需元素都是不可缺少的，它对茶树起到的生理作用也是不能相互替代的。这些营养元素被茶树吸收后不仅营养着茶叶的产量和品质，而且对茶叶的后继加工也有较大的影响。在茶树施肥管理中，要注意大量元素与微量元素的配合作用，有机肥与无机肥配合作用，来满足茶树对各种养分的需求。

（五）施肥的一般原则

为了提高茶园肥料的利用率，充分发挥茶园肥料的最大经济效益，就要讲究茶园施肥技术。根据茶园肥料的性质和作用，结合茶树的需肥特性，适时、适量地配合施用各种肥料，既能促进茶树生长、实现茶叶优质高产，又能恢复和提高土壤肥力、做到用地与养地相结合，是合理施肥需要解决的主要问题。

1. 营养元素的平衡

养分平衡的理论基础在于营养元素的不可替代性，虽然营养元素在茶树体内的含量相差悬殊，但是它们对茶树生长发育的重要性并无差别，均有其独特的生理功能，不能被其他营养元素所替代。当茶树缺少某种营养元素时，就会产生独特的缺肥症，只有在补充该元素后才能使缺素症消失或减轻。在茶树生长过程中，其生长状况和产量水平受最小养分控制，即茶叶产量和品质在一定限度内随着土壤有效养分相对含量最小的养分元素的增减而变化。最小养分是影响茶叶产量和品质上的限制因子，并非指土壤绝对含量最小的养分，可以是大量元素如氮、磷或钾，也可以是微量元素如锌或铜。要提高茶叶的生产水平就必须补充这种元素，如果忽视这个限制因子的存在，而只是增加其他养分，不仅难以提高茶树的生产水平，而且可能降低施肥的效益，最小养分随着养分供应及施肥状况的改变而改变。因此，原则上茶树施肥至少需要满足：①提供茶树所必需的营养元素；②优先解决限制茶树产量和品质提高的最小养分。在实际生产中，茶树养分平衡主要体现在两个方面，一是氮、磷、钾之间的平衡，二是大量元素与微量元素之间的平衡。

茶树是采叶作物，对氮的需求量最大，而茶园土壤有效氮十分贫瘠，难以供给茶树充足的氮素。因此，对标准茶园来说，氮是限制茶树生长的第一限制因子即最小养分。氮肥效果十分显著，是茶园中最普遍使用也是施用量最大的一种肥料。为了获得高产优质茶叶，需要供给茶树充足的氮素。但是，这并不意味着施氮量越多越好。一般而言，肥料施用上存在着"报酬递减"现象，随着施肥量的增加，茶叶产量先随之增加，当施肥量超过一定数量后，茶叶产量不再增加，有时反而趋于下降。这是由于满足了茶树对某种营养元素的要求后，其他元素可能转而成为新的限制因子。因此，在施用氮肥时必须配合施用磷、钾肥。据有关的肥料长期定位试验，氮、磷配合在10年中平均比单施氮肥增产10.8%，而氮、磷、钾三者配合增产幅度高达49.6%。有效磷和有效钾含量低的茶园中，以2:1:1时增产提质效果为最好。对于磷、钾含量较高的茶园，则以4:1:1时效果较好。综合各地试验结果，$N:P_2O_5:K_2O$比例为（2~4）:1:（1~2）较适宜。另外，随着氮、磷、钾肥用量稳步上升，镁和锌等养分的重要性日益凸显。因此除了氮、磷、钾肥平衡供应外，也要注意大量元素和微量元素肥料的配合施用。需要指出的是，茶园氮、磷、钾的配合比例通常需要结合植株或土壤养分（测土施肥）分析来确定。详见表8-10至表8-12。

表8-10 氮、磷、钾肥对茶叶产量的影响

施肥处理	前3年		后7年		10年	
	产量（kg/hm²）	影响（%）	产量（kg/hm²）	影响（%）	平均产量（kg/hm²）	影响（%）
不施肥	419	100.0	697	100.0	612	100.0
氮	1 228	193.0	4 504	545.7	3 522	675.3
磷	454	8.2	702	0.6	628	2.7
钾	637	51.9	793	13.7	745	21.8
氮＋磷	1 300	210.2	6 171	784.6	4 708	669.5
氮＋钾	1 131	169.8	5 091	629.8	3 903	537.7
磷＋钾	454	8.4	610	-2.6	564	-8.0
氮＋磷＋钾	1 665	297.5	6 813	876.7	5 269	760.9

资料来源：《中国茶树栽培学》（杨亚军，2005）。

表 8–11 氮、磷、钾对茶叶品质的效应

施肥处理	新梢水浸出物（%）	新梢游离氨基酸（g/kg）	根系游离氨基酸（g/kg）
不施肥	30.9	4.2	1.3
氮	32.8	5.0	2.4
磷	30.7	4.6	1.9
钾	30.6	4.7	1.6
氮＋磷	31.1	5.4	2.7
氮＋钾	31.0	5.1	2.1
磷＋钾	30.2	4.8	2.3
氮＋磷＋钾	32.7	6.2	3.1

资料来源：《中国茶树栽培学》（杨亚军，2005）。

表 8–12 氮、磷、钾配比对茶叶产量和品质的影响

肥料配比（氮∶磷∶钾）	产量（kg/hm²）	平均产量（kg/hm²）	游离氨基酸（mg/g）	茶多酚（mg/g）	水浸出物（mg/g）
1∶0∶0	100.0	100.0	19.2	181	409
1∶1∶1.5	109.1～128.2	118.2	11.6	193	402
2∶1∶1	108.3～134.0	121.2	17.8	204	415
4∶2∶1	103.8～114.9	112.0	18.4	186	400

资料来源：《中国茶树栽培学》（杨亚军，2005）。

2. 有机肥与化肥配合施用

茶园土壤肥力是茶树生长的物质基础，良好的土壤肥力是保证茶叶优质高产的前提条件。一些肥力水平较低的茶园由于有机质含量低，土壤理化性质差，保肥供肥能力弱，生产出的茶叶品质低下，需要通过施肥等栽培措施不断加以改良。根据不同茶园土壤特点，施用有机肥能在提高茶园土壤肥力中发挥重要的作用。与化肥相比，有机肥具有以下优点。

（1）养分完全，比例协调

有机肥是一种养分完全的肥料，含有茶树生长必需的营养元素，而且主要营养元素的含量比例比较协调，有利于茶树吸收。

（2）改善土壤物理、化学和生物特性

有机肥在其分解过程中，产生一些能与土壤无机胶体结合的物质，形成不同粒径的有机无机团聚体，这对改善茶园土壤物理性质极为重要。有机肥料能提供各种土壤微生物生长和繁衍所需的物质和能量，促进土壤熟化进程。研究表明，深耕配合施有机肥使土壤固氮菌增加近1倍，纤维分解菌增加近2倍，其他微生物群落也有明显增加。

（3）减少养分固定，提高肥料的利用率

有机肥料分解形成的有机酸和腐殖质酸能与土壤中的铁和铝螯合，减少它们对磷的固定，提高磷肥的肥效。但是有机肥的有效养分含量低，释放缓慢，不能适应茶树生长季节对肥料需要量大、吸收快的要求。因此，要与有效浓度高、养分释放快的化肥相互配合，取长补短，缓急相济。表8-13表明有机肥料与化肥配合施用，有利于改善茶叶产量和品质。

表8-13 不同施肥方式对春茶产量和品质的影响

施肥方式	产量（kg/hm²）	游离氨基酸（%）	水浸出物（%）
不施肥	856.1	4.2	35.6
尿素	897.2	4.2	35.3
复合肥	921.9	4.3	36.1
菜籽饼＋可可饼＋复合肥	971.8	5.4	35.3

资料来源：《中国茶树栽培学》（中国农业科学院茶叶研究所，1986）。

（六）施肥最佳时期和方法

根据茶树的生育周期和需肥特性，茶园施肥可分为底肥、基肥、追肥和叶面施肥等。

1. 底　　肥

底肥是指开辟新茶园或改种换植时施入的肥料，主要作用是增加茶园土壤有机质，改良深层土壤理化性质，促进土壤熟化，提高土壤肥力，为以后茶树生长、优质高产创造良好的土壤条件（图 8-19）。茶园底肥优先选用改土性能良好的有机肥，如纤维素含量高的绿肥、草肥、秸秆、堆肥、厩肥、饼肥、粪肥等，同时配施磷矿粉、钙镁磷肥或过磷酸钙等化肥，其效果明显优于单纯采用速效化肥。底肥的施用，要做到分层施用，土、肥相融，促进深层土壤的熟化，诱导茶树根系向深层扩展，以达到根深叶茂、增强抗逆性的目标。

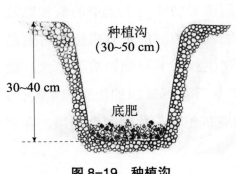

种植沟
（30~50 cm）

30~40 cm

底肥

图 8-19　种植沟

2. 基　　肥

基肥是在茶树地上部生长停止时施入的肥料，是可供茶树缓慢分解的营养物，施足基肥是春茶增产的根底。施用基肥可以补充当年因采摘茶叶而带走的养分，增加茶树光合作用和养分储备，成为翌年春茶的物质基础，对春茶的早发、旺发和芽叶肥壮起重要作用。同时，基肥还可以起到改良茶园土壤理化性质的作用。

（1）基肥施用时期

施用基肥的主要目的是提供足够的养分供茶树在秋、冬季吸收和利用，以便利用晚秋和初冬的光、热等条件，充分发挥基肥的肥效。

基肥的适宜施用时间与茶树生长季节关系密切，原则上茶树芽叶停止发芽前立即施用，以9月下旬为宜，高山茶地应在9月中旬。尤其注意的是，不能在冬季施用基肥。一方面，开沟对茶树根系造的损伤不易恢复，影响茶树安全越冬。另一方面，冬季茶树根系的吸收能力低，对施入的肥料吸收很少。更重要一点，有机肥（如菜饼肥）施入土壤后，不能被茶树直接吸收，而是要通过土壤中微生物作用后（发酵），才能被茶树根系缓慢吸收。据研究，菜饼从土壤中发酵到被根系吸收，耗时1个月左右的时间，而且养分摄放过程很缓慢（缓效性），远远满足不了茶树根系吸收高峰的需求。因此，在施基肥的同时，施入适量的速效氮肥，如尿素、速效复合肥，以满足根系吸肥高峰，这是非常有效的。但是基肥也不能过早施入，如遇到晚秋气温偏高的年份，会使部分越冬芽萌发，除了影响翌年春茶产量，减少根部贮藏营养。华南茶区由于茶树生长期较长，11月中旬至12月上旬地上部才停止生长，基肥的最佳施用时间可在10月中下旬。

（2）基肥品种和用量

作为基肥，要求含有较高的有机质以便培肥土壤，改善土壤的理化性质，提高土壤保肥供肥的能力；同时基肥又要含有一定的速效营养成分，以满足茶树根系吸收高峰之需。因此，茶园基肥宜采用各类有机肥，如饼肥、堆肥和厩肥，必要时掺和一部分速效氮、磷、钾肥，或掺复合肥，做到取长补短，既能为茶树提供部分速效养分，又含有部分缓慢释放的有机养分，同时也具有改土的作用。有机肥种类多，养分含量不一，对提供茶树养分能力和改作用不尽相同。例如饼肥的含氮水平较高，对提高茶树的营养能力较好，但是碳氮比较低，改土培肥能力较弱。相反，堆肥和厩肥的含氮量较低，但是碳氮比较高，在提高土壤有机质方面的作用较大。现将各种有机肥的氮磷钾含量列于表 8-14 和表 8-15，以供参考。

表 8-14　各种有机肥的氮磷钾含量

类别	名称	含量（%）		
		氮	磷	钾
饼肥类	菜籽饼	4.60	2.48	1.40
	棉籽饼	3.41	1.63	0.97
	茶籽饼	1.11	0.37	1.23
	桐籽饼	3.60	1.30	1.30
	柏子饼	5.16	2.00	1.90
绿肥类	紫云英	2.75	0.65	0.91
	黄花苜蓿	3.23	0.81	2.38
	苕子	3.11	0.72	2.38
	箭筈豌豆	2.85	0.75	1.82
	豇豆	2.20	0.88	1.20
	猪尿豆	2.71	0.31	0.80
	绿豆	2.05	0.49	1.96
	花生	4.45	0.77	2.25
	大豆	3.10	0.40	3.60
粪尿类	人粪	1.00	0.40	0.30
	人尿	0.50	0.10	0.30
	猪粪	0.60	0.45	0.50
	牛粪	0.30	0.25	0.10
	羊粪	0.75	0.60	0.30
	鸡粪	1.63	1.54	0.80

续表

类别	名称	含量（%）		
		氮	磷	钾
堆肥类	厩肥	0.48	0.24	0.63
	堆肥	0.40	0.18	0.45
	沤肥	0.32	0.06	0.29
土杂肥类	焦泥灰	0.18	0.13	0.40
	河泥	0.27	0.59	0.57
	塘泥	0.33	0.39	0.34

表 8-15　速效性化肥的三要素含量

类别	名称	含量（%）		
		氮	磷	钾
化肥类	尿素	45～46		
	硫酸铵	20～21		
	碳酸氢铵	16～17		
	过磷酸钙		12～18	
	钙镁磷肥		14～48	
	硫酸钾			48～52
	硝酸铵	10	10	10
	磷酸二氢钾		52	34

资料来源：《中国抹茶》（俞燎远，2020）。

　　基肥的用量取决于茶园生产水平，一般对生产茶园而言，基肥中氮肥的用量占全年用量的 30%～40%，而磷肥和微量元素肥料可全部作基肥施用，钾、镁肥等在用量不大时可作基肥一次施用，用量大时一部分作基肥，一部分作追肥。

　　总之，茶园肥培管理中，应加大有机肥料的施用比重，走有机农业的道路。目前首先要考虑广辟有机肥源，多发展畜牧业，多种植绿肥，实行茶叶生产与畜牧业相结合，养地与用地相结合。

（3）基肥的施用位置

茶园基肥的施用位置，要根据树龄和茶园地形等因素来确定，基本原则是应施在茶树吸收根附近，便于根系吸收，减少养分流失。同时，利用茶树根系的向肥性，基肥适当深施可诱导茶树根系向深层土壤伸展，提高茶树对土壤养分和水分的利用能力，有利于加强茶树的抗旱和抗寒的能力，因此基肥通常结合深耕施用。正常情况下，根系的水平生长范围稍大于树冠的扩张面。1～2年生茶园茶树根系水平生长范围在10 cm左右，深度为15～20 cm，基肥施用在离根颈10～15 cm、深度10～15 cm；3～4年生茶园茶树根系水平生长范围，一般离根颈20 cm以内，吸收根主要分布在20～30 cm的土层中，基肥施用部位为离根颈20～25 cm，深度20～30 cm的土层。成年茶树根系的水平分布范围离根颈35 cm以上，大部分吸收根分布在20～40 cm的土层内，可在树冠边缘垂直下方深20 cm左右部位施入。

在高山和高纬度地区的茶园，冬天冻土层较厚，基肥要适当深施，可诱导根系向深层生长，有利于安全越冬。根据江北茶区经验，对幼龄茶园的基肥要施在根系密集层以下；对成龄茶园以施在30 cm以下为好。基肥深施严盖是茶树抗寒越冬的重要措施。对气温高、雨量大的华南茶区，养分淋溶作用强烈，基肥可适当浅施，以施在根系密集层以上为好。

3. 追　　肥

茶树地上部生长期间施用的肥料统称为茶园追肥，其目的是不断补充茶树需要的养分，以进一步促进茶树的生长，达到持续优质高产的目的。在中国大部分茶区，茶树有较明显的休眠期和生长旺盛期。据研究，茶树休眠期间吸收的养分占全年总吸收量的30%～35%，而在旺盛生长期间占65%～70%。在生长旺盛季节，茶树除了利用贮存的养分外，还要从土壤中吸收大量营养元素，因此需要通过追肥来补充土壤养分。茶树生长季节性强，追肥要及时进行，使茶树在生长过程中不发生养分供应脱节现象，使有限的肥料发挥最大的效果。追肥时间一般选在各茶季之前，分成春、夏、秋茶追肥。茶树旺盛生长期间对养分的吸收能力强，吸收快，因此追肥应以速效化肥为主，常用的有尿素、碳酸氢铵、硫酸铵等，在此基础上配施磷、钾肥及微量元素肥料，或以复合肥作追肥。

（1）春茶追肥

春季茶树生长旺盛，对养分的吸收能力强，所需养分数量也大。春茶在全年茶叶产量中所占比重大，品质也好，大部分名优茶产自春茶。

春茶前的追肥俗称催芽肥，对春季名优茶生产尤为重要。催芽肥的施用效果与施用时间关系密切，3月下旬施催芽肥，对春茶的贡献率只有12.6%，大部分氮肥对夏茶起了作用，对夏茶的贡献率为24.3%，秋茶为7.8%。因此，催芽肥应根据茶树对养分的吸收规律，在适当时期施用。各地茶树生育物候期有很大差异，适宜的施肥时间各不相同，具体还要视当年早春的气候情况和茶树品种。华南茶区在2月上中旬。江南、西南茶区的茶园，如果早春气温高或茶树发芽早的品种，催芽肥施肥的适宜时间为2月中下旬；早春气温低或发芽迟的品种，一般在2月底至3月初。江北茶区一般自2月底至3月上旬陆续开始。总之，催芽肥可在采春茶前30 d左右施入。对于以名优茶为主且产量较高的茶园，春茶采摘强度，可以考虑在施催芽肥后、春茶开始采摘时增加一次氮素追肥。

（2）夏茶、秋茶追肥

茶树经过春茶的旺盛生长和多次采摘，消耗了大量的营养物质。为了确保夏茶、秋茶的正常生长，非常需要及时补充养分，在春茶结束、夏茶开始生长之前需要进行第二次追肥，称为夏肥。春茶和夏茶之间间隔时间较短，夏肥一般在春茶结束后立即施用。

夏茶结束后，要进行第三次施肥，以利秋茶生长。对于气温高、雨水充沛、生长期长的茶区，有时要进行第四次甚至更多次追肥，在每轮生长间隙期间都是施肥的好时机。在生产中通常把夏茶以后的追肥统称为秋肥。

对于幼龄茶园，施肥一般与幼龄茶树的定型修剪配合进行，在修剪之前施足有机肥和磷、钾肥，修剪后新梢萌发时及时追肥，以速效氮肥为主。

对春茶前修剪、留春梢作插穗材料的母本园，第一次追肥在春茶萌发前施入，第二次追肥在春茶结束进行修剪时施入。

（3）追肥次数和分配比例

茶树追肥次数与年生育周期有紧密关系，在华南茶区，气温高，无霜期长，雨量充沛，茶树生长期长，发芽轮次多（一般可达 6~8 轮），采摘批次多，相应的施肥次数也多。而江南和西南茶区，茶树生长时期相对华南茶区短、轮次少（4~5 轮），追肥次数相应减少。追肥次数还与肥料品种和性质有关，氮肥在土壤中变化复杂，损失途径较多，一次大量施用极易造成损失，需要分次施用；磷肥在土壤中的移动性低，损失相对较小，可以一次大量施用。在杭州地区，全年追肥氮肥用量为 300 kg/hm² 时，分 3 次施比分 2 次施增产 17%，而分 5 次施又比分 3 次施增产 6%。据分析，在茶树生长期间，由于追肥次数不同，土壤中有效氮的变化情况也有很大的差异，在 5 次施肥区，土壤有效氮的季节分配较均匀，茶树生长各季都有充分的氮素可用，淋失量也较少，有利于茶树对氮的充分利用，尤其在8—10月的秋茶期间，土壤中有效氮仍维持较高的水平，为提高秋茶产量和品质提供了丰富的物质条件。同等氮量分2~3次施肥，土壤有效氮全年只出现2~3个高峰，分配均衡性远不如5次追肥。根据实际生产经验，江南茶区茶树全年一般萌发4~5轮，氮肥追肥一般分为3~4次；在生长期短、茶芽萌发轮次少的茶区，追肥次数相应减少，一般为2~3次；而在生长期长、茶芽萌发轮次多的华南茶区，追肥数量就比较多，有时可达5~6次。需要注意的是施肥次数也不能过多，一则增加施肥用工，二则会使肥料过于分散，容易使每轮新梢生长的高峰期缺肥。

追肥的分配比例，主要取决于茶树的生物学特性、采摘制度及气候条件等因子。由于中国茶区辽阔，气候条件复杂，各茶季产量比重不同，因而追肥比例也有很大差异。在长江中下游地区和云贵高原的部分地区，一般宜用60∶15∶25或60∶20∶20的分配比例。高产茶园由于秋茶产量比重比较高，宜用40∶30∶30或50∶20∶30的分配比例。

在纬度和海拔较高的茶区，由于春茶期间温度较低，养分吸收能力较弱，产量相对较低；而夏茶、秋茶期间则相反，气温高，雨水充沛，茶树生长旺盛，产量相对较高并在全年产量中占较大比例，夏茶、秋茶的追肥比例要适当提高。但是秋茶追肥比例也不能太高，否则容易引起秋后"恋青"，造成冻害。

对于只采春茶、秋茶不采夏茶或只采春茶、夏茶不采秋茶的茶园，追肥比例要相对集中，一般用70∶30或60∶40的分配比例，夏茶或秋茶留养期间不施肥。

　　追肥的效果与气候条件有密切关系，如浙江、安徽、湖南和福建等省，常有伏旱发生，此时水肥是提高秋茶产量和品质的主要限制因子。如果有灌溉条件，提高秋茶追肥比例有利于提高施肥的效果。又如常有春旱的地区，春茶期间气候冷热多变，旱情严重，影响春茶催芽肥的肥效，而 7—9 月雨水多，有利于茶树生长，也有利于秋肥肥效的发挥。在这些地区适当提高秋茶追肥的比例，有利于全年追肥的增产效果。

　　4. 茶园肥料抛施的危害

　　近年来茶区劳动力日趋紧张，一些地区的茶园施肥采用抛施（施在茶园表土层，图 8-20）。由于茶树根系具有明显的趋肥特性，

图 8-20　茶园肥料抛施

如肥料施入表土层，会诱导根系向表层伸展，如长期施用，会明显降低茶树的抗逆性（不耐干旱、不抗冻）。同时还会明显降低肥料的利用率，据测试，抛施的肥料利用率只有 15.6%。因为任何一种肥料被施入土壤后，必须与土壤中的微生物密切接触，在微生物的作用下，才能被根系有效吸收。而且更重要一点是，肥料抛施在土壤表层后，极易被雨水冲淋，造成环境严重污染。这是不应被提倡、省工不省本的技术措施。

（七）提高春茶产量的技术途径

茶叶具有极强的商品性，在市场经济条件下，人们栽培茶树通常以追求经济效益的最大化为目标。随着名优茶的开发与发展，春茶已成为茶叶种植业的主战场，很多一些地方仅采春茶，不采夏茶、秋茶。因此春茶的好坏直接关系到茶叶生产的经济效益。在生产上，通过优化栽培管理技术措施，突出春茶生产，提高春茶产量和质量，促进名优茶，特别是早春名优茶生产，是当前各茶叶产区普遍关注的问题。

专题讨论

专题一 春茶产量为什么这么高?

仅短短两个月左右时间，产量达到全年 40%～50% 以上。春茶品质为什么这么好? 春茶香高味醇，芽叶肥厚，持嫩性又强，芽叶洪峰期又很明显。春茶产量高、品质优、长势强，是什么原因?

有人认为：春季气候好，万物生长季节。不! 不! 从浙江气候特点，或从我国广大茶区气候特点看，春季除了雨水比较充足，时常阴雨绵绵外，气温极不稳定，有时受北方强冷空气的侵袭，天气乍暖还寒，是春季时节最明显的特点。有时还会出现"倒春寒"天气，特别是一些茶树早芽种，常常会受到冻害影响。由于多雨水，春季光照也不是太强。要说气候好，夏茶期间的气候条件相对适宜茶树生长——雨水充足（梅雨时节）；气温稳定，都在 10 ℃以上；光照也很充足。这么好的生长条件，但茶芽生长势就远不及春茶旺盛，芽叶很容易形成"对夹叶"并老化。而秋茶生长期相对较长，有可能遇到 7—8 月干旱高温时节，雨水不足，茶芽停止发芽，从总体上讲，秋季茶芽生长势同样也远不及春茶旺盛。

那么，为什么茶树在春季会出现这种生长特性呢？原因就在春茶时节，茶树体内的贮藏营养最为丰富。这是由于树体经秋冬季养蓄，具有一年中最丰富的贮藏营养，一旦春季气候适宜，越冬芽即开始萌动生长，芽叶萌发整齐，持嫩性好，是一年中最好的一季茶叶，其产量高低和品质好坏主要取决于越冬芽数量、秋冬季树体营养的贮藏水平及水分供给状况。

专题二　茶树的贮藏营养是如何形成的？

"贮藏营养"是多年生植物一大特点。一年生植物，如水稻、小麦、蔬菜等，它们没有贮藏营养的特点，一边吸收，一边消耗，没有贮藏根，只有吸收根。为加深读者对多年生植物贮藏营养的特征，举例如下：开春时节，樱花、玉兰花、泡桐树等的生长，在没有片叶的状况下，花朵开放，完全是树体贮藏营养在起作用。

笔者曾进行过许多这方面试验研究，体会特别深刻。研究证明，茶树到秋季停止发芽后，根系生长进入全年最高峰，它一方面为了恢复树势，另一方面为了安全越冬，叶片制造的养分，逐步积累到根部（茶树的贮藏根很发达，红棕色，淀粉含量比较高），经秋冬季养蓄，到第二年开春时，树体养分积累达到最大值。对于这一点，笔者作了一个简单的示意图

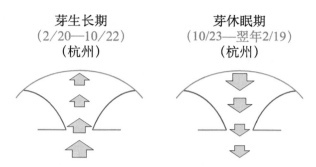

芽生长期
(2/20—10/22)
（杭州）

芽休眠期
(10/23—翌年2/19)
（杭州）

图 8-21　茶树年生长周年生长趋势示意图

（图 8-21）。在杭州茶区，茶树树体从 2 月 20 日起，一直到 10 月 22 日止，它的营养基本趋势从根部向上输送，以满足茶芽生长需要（处在树体营养消耗时期）。当茶芽逐渐停止萌发以后，也就从 10 月 23 日至翌年 2 月 19 日，茶芽进入休眠期以后，叶片制造的营养极大部分向根部运输，尤其 10 月和 11 月为最高峰，到第二年春茶萌动前，根部贮藏养分达到最高水平。当春季气温、水分条件、光照时数达到适宜茶芽生长时，茶芽生长达到最旺盛（物质基础）。对于这方面，茶树根部淀粉与糖分含量等，笔者都进行过周年动态测试，感受也特别深刻。

为了证实茶树秋冬季贮藏营养的作用，笔者曾做过一个很能说明这一问题的大田试验。这是终生难忘的试验经历。具体如下：供试品种是碧云，为正常投采的大茶树，当茶季快结束时，即从 9 月 15 日开始，把茶树上的所有叶片细心地全部摘掉，片叶不留，切断了茶树养分的制造，这是第一次；以后每隔半个月分期去叶，即 9 月 30 日、10 月 15 日、10 月 30 日、11 月 15 日（年内分 4 批分期去叶）；到第二年 3 月 5 日（茶芽萌动前），再去 1 次叶，总共 6 批，以不摘叶为对照（表 8-16）。试验目的是阻碍茶树贮藏营养产生，观察第二年结果，也很说明贮藏营养的效果。

表 8-16　不同时期去叶对茶树芽生长的影响

去叶时期	一芽二叶		一芽三叶	
	百芽重（g）	与对照之比（%）	百芽重（g）	与对照之比（%）
9 月 15 日	不发芽	—	不发芽	—
9 月 30 日	不发芽	—	不发芽	—
10 月 15 日	16.3	63.7	29.5	48.4
10 月 30 日	17.0	66.4	32.3	53.0
11 月 15 日	19.8	77.3	35.3	57.9
翌年 3 月 5 日	21.6	84.4	53.8	88.2
对照（不去叶）	25.6	100.0	61.0	100.0

9 月初至 10 月上旬，茶树经过春茶、夏茶和秋茶生长，树体内的贮藏营养大部分已耗尽，如果再将全部叶片摘除，树体营养得不到恢复，无法过冬，最终可能导致茶树死亡。10 月 30 日以后摘叶的茶树为什么能存活？因为它已经不同程度上积累了一部分养分，但发芽时由于贮藏养分不足受到一定影响，芽叶都比较瘦小，远不及对照芽叶粗壮。再看看春茶前摘叶处理的茶树，虽受到一定影响，但影响不是很大，这主要是贮藏营养发挥了作用。

综上可知，春茶品质好、产量高、长势旺，关键是茶树根部贮藏营养在起主导作用，该作用决不能被低估。春茶前期品质为什么特别优，随着时间推移，品质逐渐下降，出现"一天一个价"的现象。据笔者推测，品质好坏，可能与树体贮藏营养有关。开始萌发的芽叶，由于树体贮藏营养极其丰富，使其内含成分也丰富，后期贮藏营养减少，品质明显下降。

专题三　如何提高秋冬季茶树的贮藏营养？

笔者认为，应重点优化栽培管理技术措施。近几年的生产实践表明，要提高春茶产量，必须在施肥、修剪、病虫害防治及生产措施上下功夫。施肥是茶叶丰产的物质基础，好茶是养出来的，不施肥就达不到优质高产的目标。修剪是树冠培养的措施，此外，重在秋冬季的田间管理，重在施肥技术，重在树体多留叶，即紧紧围绕一个中心——提高茶树树体的贮藏营养水平。

具体而言，提高茶树树体贮藏营养关键技术是什么？以杭州气候特点为例，从 10 月 22 日起，茶芽基本上全部停止发芽，根系达到全年生长最高峰，吸肥能力也最强。如能及时提供充足的养分，对提高树体贮藏营养将起到重要作用。从总体上讲，秋季是树体积累养分的关键时期，秋高气爽，气温十分适宜（＞10 ℃），阳光充足，雨水调匀，此时树体营养消耗也趋较低水平，除了花芽分化、种子成熟消耗一部分养分，极大部分营养以贮藏养分形式积累在树体内，尤其贮藏在根部。

专题四　茶园如何施基肥？

管理水平较高的茶区，在秋冬季有施基肥的习惯，就杭州西湖龙井茶区而言，其管理水平比较高，秋冬季一直施用菜饼肥。20 世纪六七十年代施菜饼肥，不是直接施入茶园里，而是与人粪尿拌和后，经一定时间发酵后施入，因经发酵后的菜饼很臭，现代人通常很少施用，比较常见的是干施入土。

但是，干施的时间普遍偏迟，很多在 10 月底，甚至 11 月。菜饼被施入土壤后，不能被茶树直接吸收，而是要通过土壤中微生物作用（即发酵），才能被茶树根系缓慢吸收。据研究，菜饼从土壤中发酵到被根系吸收，耗时大约 1 个月，而且养分摄放过程很缓慢（缓效性），远远满足不了茶树根系吸收高峰的需求。所以，对这一问题，笔者早先就提倡在施基肥的同时，施入适量的速效氮肥，如尿素、速效复合肥，以满足根系吸肥高峰。实践证明，这一措施，效果很明显，茶区茶农普遍反映：第二年茶芽肥壮，发芽也比较早，效果十分显著。

配施的速效肥数量不需要很多，一般每亩加施尿素 25～30 kg。施入的尿素也不能被茶树根系直接吸收，它入土以后，通过土壤中一种尿酶微生物转化后才能被茶树根系吸收利用。经研究，这一过程大约需要 1 周。

为了有效提高茶树贮藏营养水平，茶园施基肥最适时期应在 9 月中下旬至 10 月上旬为宜，最迟不应超过 10 月中旬。越迟效果越差，达不到当年增加茶树贮藏营养的目的。基肥施用太迟，一则伤根难以愈合，茶树极易遭受冻害；二则缩短了根系对养分吸收的时间，错过吸收高峰期，使越冬期内根系的养分贮藏量减少，降低了基肥的作用。

专题五　增加秋冬季贮藏营养的其他关键技术还有哪些？

为增加秋冬季贮藏营养，在茶季结束时，千万不要进行修剪。因为修剪会减少叶层，对增加贮藏营养极为不利。但对后期不成熟的芽叶，为减少营养消耗，尽量把它采尽。为了第二年春茶发芽整齐，把树冠面凸出枝条修平，宜轻不宜重。为了提高茶树秋冬季贮藏营养，除了根部营养外，能否进行根外营养——叶面施肥，效果、作用如何，有待实践进一步证明。

做好以上专题思考，将有助实现茶叶生产经济效益的最大化、茶叶生产的良性循环和茶叶产业的可持续发展。

（八）茶树叶面肥

茶树主要依靠根部吸收矿质营养，叶片也能吸收附在叶片表面的矿质营养。因此，在茶园施肥中，除了正常的土壤施肥外，还可以进行叶面施肥。

1. 茶树叶片吸收养分的特点

叶片吸收表面的营养物质，通常有两种途径：一个途径是通过叶片的气孔进入叶片内部；另一个途径是通过叶片表面角质层化合物分子间隙，向内渗透进入叶片细胞。这些物质进入细胞后，同根部吸收的营养一样被同化。茶树吸收的营养物质，能迅速地输送到其他组织和器官中，尤其生长比较活跃的幼嫩组织（如芽叶）中较多，输送到根系的比较有限。

2. 茶树叶面施肥的优点

1）喷施叶面肥对春茶的早发和旺发有明显的促进作用，这是因为早春地温回升慢，土壤水分含量低，根系吸收能力受到限制，通过喷施叶面肥，吸收的养分能很快地输送新梢。此外，叶面施肥除了施用矿质养分外，还可结合施用一些生长调节剂，在早春时可促使越冬芽提早萌发。

2）叶面施肥不受土壤对养分淋溶、固定、转化等因子的影响，具有用量少、养分利用率高、施肥效益好的优点。这对施用易被土壤固定的微量元素肥料非常有利。部分茶园由于土壤缺乏微量元素，造成品质和产量的下降，如能有针对性地喷施这些元素肥料，效果会非常明显。

3）通过叶面施肥还能活化茶树体内的酶系统，加强茶树根系吸收能力。如在叶面喷施钾肥、硼肥、锌肥有助于根系对磷、氮、硫的吸收，能促进茶树生长，提高茶叶的产量和品质。

4）在逆境条件下，喷施叶面肥还能增强茶树的抗性。例如，在干旱期间进行叶面施肥，可以适当改善茶园小气候，有利提高茶树抗旱能力；在一些冬季气温较低的地区，在秋季往叶面施磷和钾肥，可以提高茶树抗寒越冬的能力。

需要指出的是，茶树叶片的吸收能力远低于根系，单靠叶面施肥不能满足茶树对养分的需求，因此叶面施肥必须结合土壤施肥。

3. 茶树叶面肥施用技术

（1）施用浓度

叶面肥施用效果与肥料浓度有较大关系，浓度过低效果差，浓度过高容易使叶片灼伤，因此叶面肥施用浓度必须适当。表 8-17 列出了茶树常用叶面肥的浓度。此外，还有各种稀土元素类、生长调节剂类和综合营养液类叶面肥。由于种类较多，性质和作用也各不相同，施用的浓度和用量有很大差异。因此，在使用前要注意参照说明书和有关单位试验结果或生产上施用成功的实例。

表 8-17　茶树常用叶面肥的浓度

营养元素	肥料	肥料浓度（%）	营养元素	肥料	肥料浓度（%）
氮	尿素 [$(NH_2)_2CO$]	1.0～2.0	硼	硼砂 [$Na_2B_4O_7 \cdot 10H_2O$]	0.05～0.10
	硫酸铵 [$(NH_4)_2SO_4$]	0.5～1.0		硼酸 [H_3BO_3]	0.1～0.2
磷、钾	磷酸二氢钾 [KH_2PO_4]	0.5～1.0	锌	硫酸锌 [$ZnSO_4 \cdot 7H_2O$]	0.1～0.2
钾	硫酸钾 [K_2SO_4]	0.5～1.0	铜	硫酸铜 [$CuSO_4 \cdot 5H_2O$]	0.05～0.10
镁	硫酸镁 [$MgSO_4 \cdot H_2O$、$MgSO_4 \cdot 7H_2O$]	0.1～0.3 / 0.2～0.5	钼	钼酸铵 [$(NH_4)_6Mo_7O_{24} \cdot 4H_2O$]	0.05～0.10
锰	硫酸锰 [$MnSO_4 \cdot H_2O$]	0.2～0.3	硒	亚硒酸钠 [Na_2SeO_3]	0.005～0.010

资料来源：《中国茶树栽培学》（中国农业科学院茶叶研究所，1986）。

（2）技术要点

喷施叶面肥时，要把肥料喷洒到叶片的背面。因为叶片背面气孔较多，吸肥能力比叶片正面强。

喷施时间一般选择在傍晚为宜，早上有露水，肥料容易稀释流失，中午有烈日，喷肥容易焦叶。

喷施日期一般选在茶树萌动之前，只喷一次效果有限，常需要多次喷施，一般每次喷施的间隔时间 7 d 左右。

使用以促进春茶早发为主要目的叶面肥，应避免过早或过迟使用。过早施用，茶树萌发后易受倒春寒的伤害；过迟施用，影响施用效果，起不到应有的作用。因此，通常建议采茶前 1 个月左右施用，此时效果较好。在有倒春寒的地区，喷施叶面肥还应与防冻措施相结合，可采用遮阳网、草帘覆盖和喷灌洗霜技术，以防止早生芽受冻。

（九）测土配方施肥

测土配方施肥是 20 世纪 80 年代发展起来的新技术，是促使茶叶增产提质增效的一大重要技术措施。20 世纪初，各国茶园主要施用饼肥、堆肥和厩肥等有机肥，其用量是根据肥源而定，具有很强的随意性。随着化肥工业的兴起，氮肥施用量逐渐增加，茶园单产不断提高。但实践发现，过量施用氮肥会导致茶园土壤酸化、茶叶品质下降，影响茶树栽培经济效益的进一步提升。为此，各产茶国相继提出注重氮、磷、钾及微量元素的合理配比的配方施肥技术。我国从 20 世纪 80 年代开始在各产茶地区推行氮、磷、钾及微量元素的配方施肥技术，取得了明显的增产提质效益。中国农业科学院茶叶研究所还通过对各茶区土壤营养元素背景值调查，并根据茶树的吸肥特性，研制生产出茶树专用复合肥"中茶1号"和茶树专用生物活性有机肥"百禾福"，并进行了大面积推广应用，取得了显著的经济效益和社会效益。

测土配方施肥是以土壤测试为基础，根据茶树需肥规律、土壤供肥性能和肥料效应，在合理施用有机肥的基础上，提出氮、磷、钾及中、微量元素的施用量、施用时间和施肥方法等。它能培肥土壤，改善土壤肥力，也可减少因过量施用化肥，造成的水源污染和土壤污染等问题。

四、水

水是生命之源，决定茶树的生长势。水分是茶树树体的重要组成部分，占茶树生物体总重量的60%左右，而幼嫩芽叶和新梢高达70%～80%。水分是茶树生长发育过程中的重要原料和不可缺少的生活要素，树体光合作用、营养运输都离不开水分。水分对茶树有多种调节作用，如可调节树温、调节土壤温度和湿度，促进土壤的有机质分解、减轻茶树冷害等。如果没有水，茶树就不能生存；如果水分供应不足，茶树容易受旱害；如果水分过多，茶树易遭受湿害。我国大部分茶区处于降水不平衡的地区，特别是干旱会严重导致茶叶品质和产量的下降。因此，只有了解茶树的需水规律，才能采取正确的水分管理措施。水分代谢又是茶树体内一切代谢的基础、所有生命现象和生理过程的基础条件。

茶园水分管理包括园地选择、茶园水分保持、茶园灌溉和茶园排水等。作为茶叶优质高产的基础，茶园水分管理无疑是标准茶园基础管理的一个重要方面，与生产目的和经济效益直接相关。科学的茶园水分管理是根据茶园土壤水分的运动特点、茶树水分利用的生理生化特性和需水规律，采取一切必要的措施，进行合理的排、保、灌、控，保障茶叶优质高产对水分的需求，获得更大的社会、经济和环境效益。

（一）茶树需水规律

茶树需水包括生理需水和生态需水。生理需水是指茶树生命活动中的各种生理活动直接所需的水分；生态需水是指茶树生长发育创造良好的生态环境所需的水分。茶园水分循环中，其茶园水分的来源有降水、地下水的上升及人工灌溉 3 条途径，其水分损失则有地表蒸发、茶树蒸腾、排水、地表径流、水分下渗 5 条途径。在茶园地下水位较低，土壤含水量保持在田间持水量以内，又无集中降水和无间作物的情况下，一定阶段内茶树的蒸腾量与行间土壤蒸发量之和，即为茶园的阶段需水量（耗水量）。根据土壤水分平衡原理，通过对茶园各个时期的土壤含水量测定，即能求得不同类型茶园在某阶段中的耗水强度近似值，这是确定茶园灌溉定额、灌水周期和合理用水的重要依据。土壤贮水量的动态变化情况可用下式表达：△土壤贮水量＝降水量＋灌溉量－蒸发量－蒸腾量－径流量＋△地下水水量。

1. 茶树植株体内的水分分布

茶树是以收获幼嫩芽叶为目标的耐阴性作物，对水分的要求较高，植株体内各器官的含水量也较大。但由于内部组织结构的差异和生理机能的适应，各器官的水分分布情况也不相同（表 8-18）。茶树器官的水分状况既受茶树本身条件（如品种、生长活跃程度等）的约束，也受生态环境因素的影响。一般而言，茶树营养器官在生长期的含水量比休止期高，幼嫩组织的含水量比成熟组织高，营养组织的含水量比成熟种子高，茶树各器官的含水量在供水充足时比供水不足时高，蒸腾轻微时比蒸腾强烈时高。

表 8–18　茶树各器官的含水量

器官		含水量（%）	
		生长期	休止期
根	吸收根	56	54
	支根	52	46
	主根	48	40
茎	绿色茎	75	63
	红棕色茎	53	50
	暗灰色茎	48	48
叶	嫩叶	75	
	树冠上层成熟叶	62	58
	树冠下层茶树叶	67	61
	老叶	65	
成熟果实			65
成熟种子			30

资料来源：《中国茶树栽培学》（杨亚军，2005）。

2. 茶树对土壤水分的要求

茶树的生理生态需水主要来源于土壤水分，茶树对土壤水分的理想要求就是"持续、适量"，以维持茶树细胞的膨胀状态，满足茶树生理活动和生态循环的最佳水分供应水平。一般而言，茶树新梢细胞水势值在 -0.6～-0.2 MPa 的范围，表明茶园土壤水分状况能够比较好地满足茶树对土壤水分的要求。水分不足或过量，在可以忍耐范围的初期，茶树体内将产生一些有利于提高抗性的生理生化变化，这就是所谓的抗性锻炼，特别是抗旱性锻炼技术在茶叶生产中广为应用；水分胁迫程度的加重或时间的延长，会对茶树产生不同程度的损害，影响茶树的生长发育。受茶树生长发育状况和环境条件的影响，茶树对土壤水分的要求存在年度内的季节性变化和总发育周期内的阶段性变化。

3. 茶园土壤水分的有效性

茶园土壤的有效水分主要是茶树能够吸收的毛细管水，从田间持水量到接近茶树萎凋含水量之间的水分，通常而言对茶树有效。茶园土壤水分的有效性及其消长变化不仅与土壤含水量有关，而且与土壤特性、气候条件、地形条件、栽培措施和茶树生长发育状况有关。

土壤水分可用含水百分率和水势来表示，土壤对水分的吸持能力因其质地而变化，在不同质地的茶园土壤中，水分性质和常数差异很大，重壤持水力强，轻壤持水力弱，致使含水量相同而供水能力差异巨大。因为土壤水势能排除土壤差异而显示土壤对植株的供水能力，所以用土壤水势来表示茶园土壤水分的有效性比较科学和可靠，在正常条件下，适合茶树生长发育的土壤水势约为 -20 kPa。

茶园土壤水分的有效性与降水量、蒸发量、大气温度、空气湿度、风向和风力等许多气象因素密切相关。凡遇降水量高、蒸发量小、大气温度较低、空气湿度较高、无风的气象条件，茶园土壤水分充足，反之亦然，其中气温和降水量是关键因子。

茶园土壤水分的有效性也受栽培措施的影响。灌溉、排水、保水措施都直接影响土壤水分平衡；深耕有利于雨季保蓄雨水，提高下层土壤含水量，但高温少雨季节深耕反而加速水分汽化散逸、降低土壤含水量，所以深耕时间要合理安排，以趋利避害；茶树树冠覆盖度也影响茶园土壤含水率，进而影响茶园土壤水分的有效性。

4.茶园土壤水分对茶树生育、茶叶产量及品质的影响

茶园土壤水分通过对茶树光合作用、呼吸作用、次生代谢、营养分配、激素的形成和分配、生长节律和器官分化发挥作用，影响茶树生长发育、茶叶产量及品质。

茶园土壤水分对茶树生育、茶叶产量和品质的影响，主要表现在茶树根、茎、叶和树冠的伸长速度、干物质的生产和积累、干物质在各器官中的分布、原生物质和次生物质的代谢上。茶园土壤水分对茶树生育的影响主要是生长速度问题，极端条件下则表现为对生长发育进程甚至生命延续过程的危害，出现茶树水分胁迫，即干旱或湿涝，干旱也促进生殖生长进程和休眠过程。茶树的新梢生长速率、新梢数量和新梢大小综合影响茶叶产量，茶叶新梢的机械组成、组织质地和品质成分综合影响茶叶质量。据中国农业科学院茶叶研究所许允文研究员的研究，在高温干旱季节进行茶园保水，对茶叶产量和品质具有重要意义（表8-19）。

表 8-19　土壤水分对茶树新梢生长和产量的影响

土壤相对含水量（%）	新梢生长量		新梢伸长速度（mm/d）	单位面积新梢数（个/100 cm²）	鲜叶产量相对百分数（%）
	鲜重（g/10 个）	长度（cm/d）			
94.0	4.1	4.3	2.4	6.7	131.5
84.1	3.3	3.9	2.1	4.9	121.0
71.9	1.8	2.1	1.2	3.9	100.0

注：表中数据为平均值，土壤相对含水量为土壤实际含水量占田间持水量的相对百分数。

5.茶树生长与大气水分的关系

"高山云雾出好茶"说明茶园云雾缭绕、大气湿度高是出好茶的一个重要因素。茶树对空气湿度的要求，是在不妨碍茶树生理功能的前提下以高为好，但需呈现节奏性和间断性，早晨黄昏较高、中午较低，白天较低、晚上较高。茶园空气湿度高，茶树生长较慢，持嫩性强，产量较低，但会出现有利于提高茶叶品质的次生代谢模式，使茶叶质量较高。因此，该类茶园往往是生产名优茶的理想茶园，茶叶生产效益较高。但是，在高温干旱季节，茶叶空气湿度过低会引起茶树水分代谢失调，损害茶树机能和活力，出现热害症状。

6.茶树阶段需水规律

（1）茶树的季节性需水规律

不同茶区的茶树，由于受气候条件和茶树本身生长发育状况的影响，在不同季节有不同的需水要求。因此，在一定的地域范围内茶树需水的季节变化存在一定的规律性。根据中国农业科学院茶叶研究所1979—1981年对杭州地区成龄茶园的测定，春茶期间，气温开始回升，光照增强，茶树生理代谢日趋活跃、生长发育日趋旺盛，平均耗水量约为3.0 mm/d；进入夏茶季、秋茶季，高温强光导致蒸发量增大，平均耗水量约为7.0 mm/d；9月以后，随着气温下降，茶树的生长发育活动趋缓，需水量减少；冬季气温更低，光照趋弱，蒸发量减少，茶树也进入休眠状态，平均耗水量下降至1.3 mm/d。一般而言，3—10月的耗水量超过1 000 mm，占全年耗水量的80%以上，11月至翌年2月因低温条件耗水量较少，约为200 mm。尽管茶树的耗水量存在季节差异，但任何阶段的过度缺水都会对茶树的生长发育产生不利影响。经常保证茶园土壤水分的有效供给，是高产优质高效茶叶生产的必要前提，应该予以重视。

（2）不同树龄茶树的需水规律

茶树需水与树龄有关。主要原因是不同树龄茶树的根系发育状态不同，根系的分布范围不同，枝干伸展程度不同，树冠面大小不同，叶面积指数不同。因此，在不同发育阶段，根系到达的土壤范围存在很大差异，也就是说有效供水土层不同。由于土壤中水分的分布存在层次性，在干旱季节，越到表层，土壤水分变化越大，当到达地下 3 m 左右深度时，水分的季节变化就明显变小。这使得幼龄茶树吸水能力较小，成龄茶树的吸水能力较大，老龄茶树的吸水能力受到削弱：幼龄茶树枝干伸展程度有限，树冠面尚在形成当中，枝叶较少，叶面积指数小，茶树蒸腾作用较小，裸地蒸发量较大；成龄茶树各级分枝伸展形成较大的树冠面，叶面积指数大，茶树蒸腾作用较大，蒸发量较小；老龄茶树侧枝育芽力减弱，树势衰退，树冠面缩小，叶面积指数严重下降，茶树蒸腾作用趋小，裸地蒸发量变大。根据对吸水和失水两方面的分析可知，幼龄茶树需水较少，成龄茶树需水较多，老龄茶树需水下降。在茶树栽培中应该根据不同树龄茶树的需水规律进行茶园水分管理，幼龄茶园要特别加强表土供水和覆盖保水；成龄茶园要注重适当加深供水层，深耕改土，提高深层土壤的蓄水量，灌溉则要尽量灌足，促进根系深扎，形成健康发达的根系，提高茶树吸水能力。

（二）茶园水分调控技术

茶树是深根作物，能吸取深层土壤的水分，在一般气候条件下，茶园保水对茶树抗旱具有生产上的实际效益。一方面，无论是茶园土壤水分散失还是茶园土壤水分的供应，都受土壤、植被、地形、气候等多方面因素的制约，在创建标准茶园时，必须慎重选择合适的园址，避免在极端条件下植茶。另一方面，只有充分发挥自然的有利因素，采取"有则蓄、多则排、少则给"的措施，合理调控茶园水分，才能最大限度地满足茶树生长发育对水分的需求，确保茶叶生产的高产、优质、高效，这是茶园水分调控的目标。茶园水分调控技术包括茶园水分保持技术、茶园灌溉技术和茶园排水技术。本章从茶园土壤水分散失的途径出发，重点介绍前两种技术。

1. 茶园土壤水分散失的途径

生产茶园土壤水分的散失有植株蒸腾、排水、地表径流、地表蒸发和地下水渗漏等途径。茶树蒸腾作用是茶树生长发育和茶叶生产所必需的生理过程，蒸腾失水属于积极的有效损耗，在提高蒸腾效率、提升鲜叶品质的基础上，应该予以促进。

排水是为了减少自然状况下茶园的地表径流和地下水渗漏的不利影响而采取的措施，包括排水系统的设置和控制。科学排水能最大限度地减轻茶园水分过多的不利影响，发挥茶园雨季雨水的应有效益，而不会减少茶园土壤的有效蓄水量。

地表径流主要是由大于土壤渗透速度的强降水引发。强降水产生的地表径流造成土壤片蚀和沟蚀，流失水土，降低肥力。

地表蒸发决定于土壤表面与大气中水分蒸发压饱和差梯度，导致地表水向空中蒸发，继而中下层土壤有效水在毛细管引力的作用下不断上升，到达表层后继续蒸发。在茶园土壤裸露、高温、热风、强光的情况下，土壤表面与大气的水分蒸发压饱和差急剧增大，在茶园土壤黏重板结的情况下，则会加速毛细管水的上升运动，结果是茶园土壤地面蒸发愈发强烈。

地下水渗漏是水分下渗湿润茶园土体的必要途径，但若过强则将茶园水分渗入地下，带来养分和水分的流失。

其中，地表径流造成水土流失，对茶园危害较大，应予避免；地面蒸发、地下水渗漏虽属无效损耗，但在一定程度上仍具有积极的生态意义，也有益于避免茶园湿涝灾害，应予合理控制。考虑到降水量、降水速率与土壤保水量、水分入渗速度之间的相互关系，茶园水分应保持有一定的限度，超出其限度时，必须主动进行排水。

2. 茶园水分保持技术

我国大部分茶区都具有"雨量充沛、分布不匀"的降水特点，春季雨量增大，是茶树生长的最佳时期，之后的 6—7 月由南向北进入梅雨期，降水量大大超出蒸发量，降水速率大大超出土壤的入渗速率；地表径流、渗漏、排水大量增加，江河内湖洪峰频繁；洪水一退，旱季便至。年度降水量和蒸发量的动态关系各地不同，在长江中下游茶区，4—6 月降水集中，降水量大于蒸发量；7—9 月常常是高温少雨，降水量小于蒸发量。对缺乏灌溉条件的山地茶园来说，保持茶园水分更是具有特别重要的意义。科学地蓄积雨季雨水为旱季缺水时所用，成为茶园水分保持的关键，例如，有必要在园区低洼地段新建山塘水库。综上可知，茶园保水应该针对茶园土壤水分散失的途径，按照"因地制宜，趋利避害，实用有效"的原则，从生物措施、工程措施和栽培措施全方位着手减少茶园土壤水分无效散失。

茶园土壤水分保持应注重增容降耗。增容是尽可能增强茶园土壤蓄纳水分的能力，降耗是尽可能降低茶园土壤有效水分的无效散失。综合应用生物措施、工程措施和栽培措施能有效地保持茶园土壤水分，可以促进茶叶高产优质。

（1）生物措施

1）合理间作。在幼龄茶园和未封行茶园，合理间作不仅有利于提高经济效益，而且有利于减少地面水分蒸发，尽管间作作物本身需要消耗一定的水分，但其蒸腾失水仅相当于裸露地面失水的 70%左右。在高温干旱季节，由于间作作物覆盖表土，还能显著降低地温，减轻旱热危害。选择适宜的间作作物种类是合理间作的关键，若间种蔬菜是需要精细培管、经济效益较高的作物，往往能兼顾茶树幼苗的培管。若间作粗放管理的作物，则宜应该选择生物产量高、根系浅、速生（特别是前期生长快）、多叶、碳氮比低、抗性强、与茶树无相同的病虫害及与茶树争水肥的副作用小、副产品可利用性高的作物。间作作物最好能够固氮，不宜选择花生等在旱季大量需水的作物。具体而言，一般茶园间作可选择牧草作物或豆科作物，既可以作为饲料获得额外经济效益，又可在旱季前作为覆盖土壤的覆盖物，或翻埋入土改良土壤，提高保水能力。绿肥间作在中国有悠久的历史，比较普及，应有利于茶树的生长发育，与茶树之间要有适当的距离，不可过密而妨碍茶树生长。在江南茶区广为流传的"一二三、三二一"间作法（即：一年生茶园间种三行绿肥，二年生茶园间种二行，三年生茶园间种一行，四年生茶园退出间作绿肥）就是科学的总结。

2）植树造林。在茶园建设的同时，合理规划林地或林带，保持茶园生态环境的多样性，具有多方面的作用。它涵养水源、降低风速、增加空气湿度、减少日光直射时间、降低地面蒸发速率，是茶园保水的重要生物措施。此外，还可利用原有山林，造就有利于保护地形，如在山顶部位植树，即茶农所说的"山顶戴帽"；将坡地开垦成宽幅带状茶园,即"山间系带子";在山底营造行道林带,所谓"山底穿靴子";在许多山区(特别是高山区)的谷地茶园两旁应保留原有林木植被,以利防风、防冻、保水。

(2)工程措施

1)修筑梯田。在坡地上开辟茶园,应修筑成水平梯田。它有保持茶园土壤水分、减少地表径流和水土流失的重要意义,在茶园土壤含水量低于田间持水量时,在梯田内侧采用竹节沟截水对增加茶园蓄水更是积极有效的措施,在临旱前一段时间内应用特别有益,但应防止产生湿害,以免造成不良影响。

2)挖塘集水。在雨季,降水多于蒸发,而土壤所能涵养水分的总量有限,人为排水、地表径流、地下渗漏等各种途径所造成的水的流失巨大。为了保证雨季雨水排得出,旱季用水抽得上,根据排灌系统的设置情况,在合适的低洼地带因地制宜地挖塘集水是最大限度地发挥降水的效益、满足灌溉用水的必要措施。

(3)栽培措施

1)等高条植。对于缓坡地采用等高条植,在耕作或茶苗培土时,易于形成等高条垄,与顺坡种植相比,能显著减少水土流失,有利于雨水渗入,增加茶园土壤水分含量。

2)土壤覆盖。茶园土壤覆盖有铺草覆盖和地膜覆盖两种,在我国以铺草覆盖为主。茶园铺草是茶树栽培中一项传统保水技术,简单有效,易于操作。不仅如此,还能按照"夏降冬升"的模式调节茶园土壤温度,这些因子的综合作用对茶园水土保持具有非常积极的影响。

茶园铺草达到 10 cm 厚时,能显著控制杂草生长,减少杂草蒸腾作用和对土壤水分的消耗。

3）深耕改土，增施有机肥。深耕能疏松土壤，有利于茶树根系生长，提高茶树吸水抗旱能力，同时产生较多的大孔隙，增大土壤的通透性和持水性。研究表明，红壤茶园深耕 50 cm，1 年后土壤透水速度比浅耕 16 cm 的茶园增加 5 倍以上。说明耕作层愈深，土壤渗吸水分的能力愈强，并有持续的效益。结合深耕增施有机肥，更能显著改善土壤性能，增加土壤有机质含量，促进形成土壤团粒结构和土壤微生物活动，茶园田间持水量持续增大，而在仅施化肥的茶园，由于田间管理活动等因素的影响，田间持水量逐年减小。

4）茶园中耕，茶苗培土。在雨季即将结束时进行中耕，能破坏土壤表层的毛细管，减少水分蒸发散失，有保水抗旱的作用；中耕清除杂草，也是减少水分散失的一个方面。在旱季根据旱情对茶树幼苗分期培土也是保持茶苗根际有效水分的一个实用措施。

5）适时修剪。在雨季快要结束时进行轻修剪，由于剪去了部分叶片，故能减少蒸腾量，起到保水作用。运用修剪措施进行保水时，要注意修剪本身的必要性和剪后的恢复条件，要与茶树长势、生产茶类和经济效益诸因素统筹考虑，合理安排。

此外，利用一切可以利用的栽培措施，尽可能扩大树幅，增大茶树树冠本身对茶园地面的覆盖度和荫蔽度，也能有效地减少地面径流与蒸发，提高茶园土壤的保水能力。

（三）茶园灌溉技术

性喜温暖湿润的茶树对水分的持续需求非常大，而在我国大部分茶区存在伏旱和秋旱，如不能及时适量合理地进行灌溉，就会出现旱热灾害，轻则影响茶树的生长发育，降低茶叶品质，减少茶叶产量，重则导致茶树死亡。合理灌溉是避免茶园旱热灾害的有效途径，适时适量、经济有效的灌溉是高产优质高效茶叶生产的基本措施和必然要求。茶园灌溉方式有浇灌、流灌、喷灌、滴灌等几种，目前茶园主要采用流灌和喷灌。

1. 茶园灌溉水源

灌溉水源是茶园灌溉首先遇到的问题，应当因地制宜地予以解决。获取灌溉水源途径不外乎利用雨季余水与引入外部水源两类。在我国大部分茶区都有许多自然留存或人工修建的池塘、水库可以积蓄雨水，以备旱季灌溉之用，附近还可能有一些可资利用的湖泊、河流与水渠，形形色色。对山地茶园来说，要注意排水与集水相结合，合理利用或修建可提供灌溉水源的山塘水库；新修集水水利工程，既要有较大的集水面以便充足贮水，也要考虑灌溉难度，尽量选择较高的地势。低丘平地茶园可就近利用沟塘河溪作为灌溉水源，若相距较远，应结合农田基本建设修渠，从水源的上游分流引水，以扩大自流灌溉面积或提升机械提水的水源水位。对于没有河流经过的低丘平地茶园，可以打井提水灌溉。茶园灌溉水源的有效贮量至少要大于以历史上干旱季节最长无雨估算的灌溉用水总量。茶园灌溉用水的水质应符合农田灌溉用水标准，即含钙量低、呈微酸性，同时还要注意控制水温与气温的差异，不能过凉。所以，地下水常常需要一个蓄水增温的预热过程。

2. 茶园灌溉适期

茶园灌溉适期是决定灌溉效益的一个重要因素，应由茶树的水分代谢状况、土壤水分状况和气象变化状况 3 个方面的因素综合确定。

1）茶树水分指标。因为茶树的生理状况能反映茶树植株体内的水分供需状况，度量茶树的需水要求，所以茶树水分生理指标能作为确定茶园灌溉时期的参考标准。常用的茶树生理指标包括新梢细胞液浓度和新梢细胞水势。研究表明，细胞液浓度与土壤水分含量呈负相关，相关系数为 −0.8561。当新梢芽叶细胞液浓度低于 8% 时，土壤水分供应充足，能满足茶树水分正常代谢的要求，当细胞浓度接近或达到 10% 时，土壤水分供应开始显得不足，影响茶树水分代谢，茶树生长发育受阻，表明茶园需要及时灌溉。茶树新梢细胞水势的高低与土壤水分含量呈正相关，当茶树新梢细胞水势在 −0.6～ −0.2 MPa 时，茶园土壤水分供应状况良好，上午 10 时左右当茶树新梢细胞水势达到 −1.1～−1.0 MPa 时，表明茶树土壤水分供应受阻，土壤干旱，需要进行灌溉。

2）土壤水分指标。土壤水分指标是茶园灌溉时期和灌水量的主要依据。茶园土壤水分指标一般用土壤水势和土壤相对含水率表示。

土壤水势直接反映土壤能量状态，能排除土壤差异而显示土壤对植株的供水能力，是指示茶园灌溉适期的可靠指标。该指标比较简便易行，可以直接应用于生产实际，在发展"精确茶业"中更是特别有用。一般而论，用土壤张力计算测定为 −20 kPa 的茶园土壤水势比较适宜于茶树生长，当高温干旱季节茶园土壤水势达到 −50 kPa 时，或茶树已经休眠的低温季节茶园土壤水势达到 −85 kPa 时，应该进行灌溉。

土壤含水率是指土壤中水分重量占绝对干土重的比率，用百分数表示。受茶园土壤质地和结构的影响，不同类型土壤的含水率对茶树的有效性显著不同。因此，土壤水分含量常用土壤相对含水率表示。土壤相对含水率为实际土壤含水率与土壤田间持水量比率，以百分数表示。在茶树生长季节，当茶园土壤含水率为田间持水量的 70%～75% 时，茶树生长发育受阻；低于 60% 时，嫩叶细胞开始出现质壁分离现象，旱象明显。由此可见，当茶树根系集中的土层含水率下降到田间持水量的 70% 时，茶园应当及时灌溉。

3）气象变化指标。茶园土壤水分变化与降水量、降水时空分布、气温、大气相对湿度、蒸发量、风等气象要素密切相关。因此，有关气象指标是我国当前茶叶生产中茶农确定灌溉时期的主要方法。实际上，在了解当地气候特点的基础上，结合茶树物候学观察，依据天气变化情况来确定灌溉时期确实是简单有效、切实可行的。一般认为，在高温季节，当日平均气温在 30 ℃、水面蒸发量在 9 mm 以上的情况持续 1 周时，茶树根系浅或土层薄的茶园就需要进行灌溉。

无论应用何种指标，都应注意茶园灌溉应该在开始出现缺水时就进行及时灌溉，切不可拖到茶树已经出现旱象之后，以免对茶叶生产造成不同程度的实际损害。

3. 茶园灌溉水量

茶园灌溉制度除灌溉方式和灌溉时期等因素，还包括灌水定额、灌溉定额和灌溉周期。灌水定额是指单次灌溉的水量，即通常所说的灌溉水量，以 mm 或 m^3 表示；灌溉定额是指一个年度的总灌水量，以 mm 或 m^3 表示；灌溉周期是指相邻两次灌溉之间的时间，以天数表示。

茶园灌溉与茶树需水特性、土壤性质、气象条件和灌溉方法密切相关，所以，要经济有效地满足茶树生长发育对水分的要求，做到适时适量，在制定茶园灌水定额和灌溉周期时，必须掌握如下技术参数：茶树根系生长发育状况，土壤容重，田间持水量，灌溉前茶树正常水分代谢容许的土壤水分下限值，灌溉计划土层，土壤入渗速度，茶树阶段日耗水量，可行的茶树灌溉方式、方法和特点。

4.茶园灌溉方法

茶园灌溉方法的确定必须充分考虑合理利用当地水资源、满足茶树生长发育对水分的要求、提高灌溉效益、灌溉供水与茶园保水并举等因素。只有了解各种灌溉方式的特点，确定合理的灌溉方法，正确实施茶园灌溉方案，才能取得良好的灌溉效果。总而言之，茶园灌溉方式方法的确定应该符合"因地制宜，经济可行，适用高效，不损坏"的原则。

1）浇灌。指直接淋水于茶树根部，它是一种较原始的高度劳动集约化的灌溉方式，具有节约用水、减少水土流失、可以结合施肥（如稀薄人畜粪尿、沼液、尿素等肥料的浇施）的特点，尽管在大面积应用确实存在困难，但它特别适宜于没有灌溉设施的苗圃和幼龄茶园的临时抗旱，结合茶园保水措施，仍然是一种很好的"节水方式"方法，对茶苗的生长非常有利，在条件允许的地方，若能利用机械取肥运水，更是去弊存利。浇灌法应该在早晚时分进行，要特别注意一次性浇透，使之浸润茶苗根系，肥料浓度不宜过大，如尿素浓度应控制在1%左右为宜。

2）流灌。即自流灌溉，它是用抽水泵或其他方式把水提升到沟渠后再引入茶园进行灌溉的一种方法。流灌简便易行、投资不大，能一次性解除土壤干旱，但灌溉水的利用率较低、对地形要求严格、渠道占地较多、容易导致水土流失，一般只适用于平地茶园、水平梯级茶园和坡度均匀的缓坡茶园。

茶园流灌有漫灌和沟灌两种方式。漫灌是指将水直接引入茶园，让水在园内漫流而浸润土壤的一种灌溉方式。在水源丰富的地区，平地和缓坡茶园（坡度≤3°）可以采用漫灌。进行漫灌时，应设法控制流速，分散水源，使其尽量均匀浸润土层，减少水土流失。漫灌首先作用于表层土壤，容易引起土壤板结，不宜长期使用，原进行漫灌的各地茶园一般已经改为沟灌，条件好的更是改用喷灌了，漫灌这种古老的灌溉方式在我国已经慢慢趋于消失。沟灌就是在茶行中间开沟，让水在沟中边流边渗的灌溉方法。沟灌中灌溉水以下渗和水平运动为主，沟底和沟侧土壤湿润，而未经饱和的表土仍保持疏松状态，与漫灌相比，沟灌较易控制灌水量，减少水分流失，高质量的沟灌能使茶树根际土壤保持适宜水分，维护茶树正常的水分需要是我国目前主要的茶园灌溉手段。

3）喷灌。是指利用喷灌设备将水加压，于空中将水喷洒在茶树面上的灌溉方式。喷灌有如下显著特点：①既能给茶园土壤供水，又能增加茶园近地层的空气湿度，可以同时改善土壤和大气水热状况；②喷水均匀，均匀度一般可达80%～90%；③节水效果好，比沟灌省水50%左右；④适应性广，几乎各类茶园均可采用，特别适宜土壤渗透性较强或高温干旱季节和寒冬季节需要频繁防御温源性和水源性气象灾害的茶园；⑤能灵活控制灌水周期；⑥能在喷灌时协调完成喷施液肥、喷洒农药的工作；⑦管理方便，工效高，节省人力；⑧根据土壤特点调整喷头的技术性能，可以获得适宜的喷灌强度和雾化程度，从而避免对土壤结构的破坏，保持水土效果好；⑨减少茶园灌溉设施用地。

喷灌空中供水特性具有改善茶园小气候的特点，这是喷灌逐渐被广泛采用的主要原因之一。在高温干旱季节，喷灌可以增加茶园近地层的空气湿度 10%～40%，降低叶温 3～12 ℃，减小茶树与大气的水分蒸发压饱和差，调节高热强光下的气孔开放度和蒸腾量，不仅能解除旱害，而且能较好地解除热害，加强茶树的同化作用；在寒冬季节，喷灌雾滴结冰散热，可以解除霜害和冻害。因此，喷灌是解决旱热、霜冻气象灾害的一个有效措施，能免除或减轻茶树在不利气候条件下所受的损害，改善茶树生长环境，显著提高单位面积着芽数、百芽重、芽叶嫩度和正常芽叶的比例，协调茶叶品质成分的代谢，增加茶叶产量，提高茶叶品质。在严重逆境下，通过增加水压、改换喷头进行雾灌，可以达到更好的效果。但喷灌存在投资和折旧费用较高、灌水匀度受风力影响较大（3～4 级风就可以吹走雾滴）、土壤质地太细（入渗速度＜4 mm/h）影响灌溉效果、深层土壤供水相对困难等缺陷，在生产中应针对具体问题予以切实解决。

　　4）滴灌。滴灌是利用低压管道系统将灌溉水送至滴头，由滴头将水滴入茶树根际，供给茶树生长发育所需水分的一种较为节水的灌溉方法。滴灌可分成滴头型滴灌和管道开孔型滴灌两类，滴灌是一种适应高科技的灌溉方式，可以结合测土定量施肥、感应反馈、计算机控制等先进技术。其水分利用率在所有灌溉方法中较高，还可以使根际土壤经常保持适宜茶树生长的水、气及养分状态，特别适宜于缺水地区及生产效益高、生产周期短、根系较浅的作物的设施化栽培。但是，滴灌是一种资金技术高度集约化的灌溉系统，投资大、技术要求高，且存在滴头、滴孔和毛管容易堵塞的毛病，不太适应我国目前茶叶的生产力发展水平和茶树生长发育特点，在我国茶叶生产中极为少见。

　　茶园滴灌系统有固定式和移动式 2 种类型。固定式滴灌系统能发挥滴灌本身的特点；移动式滴灌系统的毛管和滴头可以移动，实行轮流灌溉，可以提高设备利用率，降低投资成本。

五、保

据不完全统计，我国已记载的茶树害虫、害螨种类已有 860 余种，其中以食叶类害虫为主，占总量的 90% 左右，常见的有 200 余种，为害茎根的害虫仅占 10%；病害（包括线虫病）130 余种，常见的有 40 余种。这些有害生物给茶叶生产带来很大损失。因此，防治病虫害是保证茶叶优质高产和质量安全的重要措施。

（一）茶树主要害虫

1.食叶类鳞翅目幼虫

这是对茶叶生产威胁性较大的一类暴发性害虫，其为害特征是咀食茶树芽叶，直接造成茶叶减产。发生较严重和普遍的有如下几种。

茶毛虫：在江南、华南、西南茶区发生普遍，全年发生 2～4 代，以卵在茶树中下部茎叶背面越冬。

灰茶尺蠖（茶尺蠖）：在江南、江北和西南茶区发生严重而普遍，是茶区的重要害虫。全年发生 5～7 代，以蛹在茶树根际土中越冬。

银尺蠖：各产茶地区均有发生，严重性不如灰茶尺蠖。全年发生 6 代，以幼虫在茶树中下部成叶上越冬。

油桐尺蠖：在华南、西南、江南茶区发生严重而普遍。全年2～4代，以蛹在茶树根际土中越冬。

木橑尺蠖：近年在江南、江北茶区由林木上转移来的一种新害虫。全年发生2～3代，以蛹在茶树根际土中越冬。

扁刺蛾和茶刺蛾：在各省局部茶区严重发生，除引起减产外，由于幼虫刺毛引起皮肤疼痛，影响茶园管理和采摘。全年发生2～3代，以幼虫在茶根际表土中结茧越冬。

茶蓑蛾、大蓑蛾和褐蓑蛾：在各茶区发生普遍，局部地区为害严重。茶蓑蛾全年发生1～3代，大蓑蛾和褐蓑蛾1年1代，以老熟幼虫在茶树上封囊越冬。

茶黑毒蛾：在江南、江北茶区发生普遍。全年发生4代，以卵在茶树叶背越冬。

2. 卷叶类害虫

茶小卷叶蛾：江南、江北茶区的重要害虫。全年发生3～5代（江苏、浙江、安徽、江西），5～7代（江西南部、广东）。以幼龄幼虫在卷苞或落叶中越冬。

茶卷叶蛾：常与茶小卷叶蛾混合发生，但发生地域常比茶小卷叶蛾偏南。全年4～6代，以幼龄幼虫在卷苞或落叶中越冬。

茶细蛾：20世纪70年代中期新发生的一种害虫，由于这种害虫的幼虫期大部分处于潜叶、卷叶阶段，因此较难防治，成为江南、江北茶区的一种严重害虫。全年发生6～8代，以蛹在茶树老叶背面结茧越冬。

茶谷蛾：华南茶区的一种局部性分布的害虫。全年发生4代，在华南地区无明显越冬现象。

其他卷叶类害虫：在广东、云南等省均有分布，但仅在局部地区发生。

3. 蚧类害虫

长白蚧：在 20 世纪 60 年代是江南、江北茶区的一种发生严重的蚧种，目前虽已有所减轻，但局部地区仍威胁茶叶生产。全年发生 3 代，以老熟若虫在茶树枝干上的介壳内越冬。

蛇眼蚧和椰圆蚧：是两种发生普遍、为害严重的盾蚧，分布广泛，有逐渐上升的趋势。全年发生 2 代，以老熟若虫在茶树枝干上的介壳内越冬。

茶牡蛎蚧：发生严重。全年发生 2 代，据贵州报道，以卵在茶树枝干上的介壳内越冬。

角蜡蚧、龟甲蚧、红蜡蚧和茶长绵蚧：在各省产茶地区均有分布，尤其在靠近果园、林木附近的茶区发生较重。全年均发生 1 代，以雌成虫或老熟若虫在茶树枝干上壳内越冬。

4. 其他吸汁类害虫

茶小绿叶蝉：是我国茶区发生严重而普遍的害虫，为害茶树嫩梢。被害茶树嫩梢萎缩硬化，叶缘、叶尖呈黑褐色枯焦。全年发生代数多，江南茶区 9～11 代，华南茶区可达 12～17 代。以成虫在茶园或杂草上越冬。华南茶区无明显越冬现象。

黑刺粉虱和柑橘粉虱：全国均有分布，前者在江南茶区发生较重，可诱致煤病发生。全年发生 4 代左右，以若虫在茶树叶背蜡壳下越冬。

茶蚜：新茶园中的一种普遍害虫，严重时使新梢萎缩卷曲，直接引起减产。全年发生 10～20 代。主要以无翅若蚜或老熟若虫在茶树叶背越冬，或无明显越冬现象，安徽、浙江等都以卵在叶背越冬。

茶黄蓟马：是茶区的一种重要芽叶害虫。全年发生多代，以成虫在花中越冬或无明显越冬现象。

茶网蝽：西南茶区的一种重要锉吸茶叶的害虫。全年发生 2 代。以卵在茶丛下部嫩叶、成叶背面中脉两侧组织越冬，偶有以成虫越冬。

5. 螨 类

咖啡小爪螨：在福建和华南茶区发生普遍，多为害成叶，被害叶干枯、硬化，造成落叶。全年发生 15 代左右，在上述地区无明显越冬现象。

茶短须螨：20 世纪 70 年代起新出现的一种叶螨，北自山东，南至海南均有分布，为害严重，为害成叶，老叶被害有红褐色至紫色突起斑，后期叶柄部产生霉斑，造成大量落叶。全年发生 6～10 代。浙江以成螨群集在茶树根茎部 1～6 cm 处越冬，在华南茶区无明显越冬现象。

茶跗线螨和茶叶瘿螨：西南茶区和江苏、浙江部分地区发生严重的害螨，主要为害嫩芽叶，被害芽叶僵化，表面粗糙，主脉两侧各有一条褐纹，叶色暗绿，失去光泽。全年发生多代，以雌成螨在茶芽鳞片上及叶柄处或杂草上越冬。

茶橙瘿螨：全国茶区均有分布，常混合发生，对当前茶叶生产有很大的威胁性。前者主要为害嫩叶，被害嫩梢芽叶萎缩，主脉两侧呈浅橙褐色，叶背出现锈斑；后者主要为害成叶和老叶，被害叶紫铜色，无光泽，叶背有大量白色灰尘状粉末（脱皮壳），形成大量落叶。全年 10～20 代，前者无明显越冬现象，后者以成螨在茶树叶背越冬。

6. 钻蛀类害虫

主要为害老茶树的钻蛀类害虫有：茶枝镰蛾（茶蛀梗虫）、茶堆砂蛀蛾、茶枝木蠹蛾、茶天牛和茶黑跗眼天牛。除茶枝木蠹蛾主要分布在南方各省份，其余各种在全国茶区均有分布。全年发生代数多为 1～2 代，大多以老熟幼虫在茶树枝干中越冬。

7. 象甲类害虫

茶叶象甲：在全国茶区均有分布，以浙江、安徽、江苏等省发生严重，是夏茶期为害茶树叶片的一种严重害虫。全年发生 1 代，以老熟幼虫在茶园表土中越冬。

绿鳞象甲：在全国茶区均有分布，但以南方茶区发生较重。全年发生 1 代，以老熟幼虫在茶园表土中越冬，华南茶区也可以成虫在土中越冬。

茶籽象甲：全国茶区均有分布，但以西南各省茶区发生严重。幼虫期蛀食茶籽，成虫亦可加害茶果和嫩梢。2 年发生 1 代，以幼虫或上一次新羽化成虫在土中越冬。

8. 多食性害虫

多食性害虫是新开辟的茶区或茶园中最早出现的害虫类别，随着种植年限的延长，它在茶园害虫区系中的地位也随之逐渐下降。茶园中常见的多食性害虫有金龟子类害虫、地老虎、大蟋蟀和白蚁等。

金龟子类害虫：种类很多，其成虫可为害茶树叶片，幼虫统称蛴螬，体白色，粗大肥壮，弯曲成"C"形，在土中生活，啮食茶树根系，造成茶园缺株断行。一般1年发生1代，少数种类几年完成1代。多以幼虫或成虫在土中越冬，一般每平方米有蛴螬1～2头即可造成为害。

地老虎：是重要的地下害虫，以幼虫在土中咬食茶苗或茶树根系。常见的有小地老虎、大地老虎。小地老虎的全年发生代数，在江南茶区为1年4代，华南和西南茶区为1年5～7代；大地老虎为1年1代，以老熟幼虫或蛹在土中越冬。

大蟋蟀：是华南、西南茶区的一种地下害虫。以若虫和成虫啮食茶苗。1年发生1代，以若虫在土穴中越冬，但在广东省冬季无明显越冬现象。

白蚁：是云南、广东、台湾等省的一种杂食性害虫，较普遍的种类是黑翅土白蚁，主要是工蚁为害茶树皮层或木质部。为害前必先在茶树茎干上筑成泥被、泥线封闭，再行为害。黑翅土白蚁是土栖性种，筑巢于地下，深1 m左右。

（二）茶树主要病害

1. 芽叶病害

经统计，全国茶树芽叶病害已有30余种，发生较普遍而严重的有如下几种。

茶饼病：西南、华南茶区的高山茶园中发生严重。由于此病主要为害嫩叶和嫩梢，病叶制成的成茶味苦易碎，因此对茶叶产量和质量有很大影响。以菌丝体在茶树叶片中越冬，低温、高湿、日照少是病害流行的条件。

茶芽枯病：浙江、湖南春茶期在嫩芽叶上发生严重的新病害，以菌丝体和分生孢子器在茶树病组织中越冬。低温、高湿易于发病，4—5月为发病盛期。

茶云纹叶枯病、茶炭疽病和茶轮斑病：在成叶和老叶上的病害，发生很普遍，在高温高湿条件下更为严重。病菌以菌丝体在茶树病组织或土表落叶中越冬。

茶白星病和茶圆赤星病：发生在高山茶园低温高湿条件下嫩叶上发生的病害，在江南、西南茶区发生很普遍，不仅对产量有很大影响，而且有病叶混入的鲜叶加工成茶后，味苦带涩，使品质受到很大影响。以菌丝体或分生孢子器在茶树病组织中越冬。

2. 茎部病害

茶梢黑点病：在湖南、江苏、安徽、浙江等省发生普遍而严重，病梢上的芽叶稀疏纤弱，生长缓慢。以菌丝体或子囊盘在茶树病组织中越冬。

茶黑腐病：海南省发生严重，此病不仅为害茎部，还向叶部蔓延，对产量影响较大，其中包括两种同属不同种的真菌，即菌核黑腐病和菌索黑腐病。以菌核或菌索在茶树茎部病组织中越冬，高温高湿利于发病。

茶红锈藻病：一种由寄生性绿藻类引起的病害，在广东省发生严重，近年来在江南、西南茶区也有发生。此病可为害茶树茎叶，引起树势衰弱、枝梢干枯，严重时全株死亡。由游走孢子传播蔓延，4—8月为发生盛期。

地衣、苔藓类：老茶树上一种典型的附生性植物，各产茶省均有分布，发生后常加速树势衰老。在潮湿、温暖季节发生蔓延。

3. 根部病害

这是南方各省茶区发生较严重的一类病害，特别是在由原始森林垦覆的茶园，遗留在土中的树桩和根部常成为根腐真菌的发生基地，由此蔓及茶树根系。常见种类如下。

茶苗白绢病：一种茶苗的根病，在江南和华南茶区均有发生，引起茶苗成片死亡。近年由于采用短穗扦插苗种植，发病有减轻趋势。

茶苗根结线虫病：在华南、西南茶区有发现，局部茶区发生严重。主要种有南方根结线虫，次要种有爪哇根结线虫和花生根结线虫。全年发生8代左右，以幼虫在土中或以成虫、卵在病根瘿中越冬。地势高、结构疏松的土中发生严重。

根腐病：发生在成年茶树上，包括很多种，其中以茶红根腐病最严重，茶紫纹羽病在全国各茶区均有分布。

（三）茶树病虫害防治技术

当前茶树病虫害防治与以往的茶树病虫害防治相比，从防治措施上来说仍然采用农药防治、物理防治、生物防治和化学防治方法，但更侧重于通过应用农业防治和生物防治来控制病虫害；从防治标准来看，强调综合田间天敌、茶叶生长等多种因子确定防治指标，是一个动态的防治指标；从茶叶产品的农药残留来看，要求检测的农药品种更多，残留限量要求更高。

1. 农业防治

茶树栽培管理措施包括选择抗性品种、耕作、排灌、采摘和施肥等。它既是茶叶生产过程中的主要技术措施，又是病虫害防治的重要手段。以茶树栽培管理为基础的农业防治是一种温和的调节措施，具有预防和长期控制病虫害的作用。它不直接杀死有害生物，而是改变它们的生存环境，形成不利于它们生存和繁衍的条件，从而降低有害生物的种群。强调农业防治是标准茶园病虫防治一个突出特点。

（1）合理种植

大规模的单一栽培，无疑会使群落结构及物种单纯化，容易诱发特定病虫害猖獗；而周围植被丰富、生态环境复杂的茶园，病虫害大发生的几率就会减少。发展高标准茶园时，要选用对当地主要病虫害种类有较强抗性的无性系品种，并选择和搭配不同无性系品种，尽可能避免单一品种的大面积种植，以免使得某些茶树病虫害大发生。日本 70% 以上的茶园推广薮北品种，造成炭疽病的大发生就是一个例子。

（2）及时采摘

茶树收获的部位是芽叶，也是病虫害为害的主要部位。及时分批多次采摘对许多茶树病虫害具有明显的抑制效应。采摘可减轻小绿叶蝉、茶蚜、茶叶螨类和茶白星病等趋嫩性强的病虫害的发生，同时也恶化了这些病虫害的营养条件、破坏其繁殖场所。

（3）中耕除草

中耕可使土壤通风透气，促进茶树根系生长和土壤微生物的活动，破坏地下害虫的栖息场所，有利于天敌入土觅食。一般以夏、秋季浅翻1～2次为宜。对丽纹象甲、角胸叶甲幼虫发生较多的茶园，也可在春茶开采前翻耕地一次。对于茶园恶性杂草可采取人工除草。至于一般杂草不必除净，保留一定数量的杂草有利于天敌栖息，可调节茶园小气候，改善生态环境。

2. 物理防治

物理防治主要利用害虫的趋性、群集性和食性等习性，通过性信息素、光、色等诱杀或机械捕捉来防治害虫。用来诱杀和干扰昆虫的正常行为的昆虫性信息素已成为害虫防治的一种重要手段。国内外均有使用棉红铃虫性信息素干扰其交配达到防治目的成功例子。茶园害虫的性信息素研究自20世纪70年代在日本开始，取得了一系列的研究成果，日本已利用性信息素干扰和防治茶小卷叶蛾和茶长卷叶蛾，取得了良好的效果。我国自2015年来，陆续在灰茶尺蠖、茶尺蠖等重要茶树害虫性信息素研究方面取得重要进展，陆续开发出我国茶园常见害虫的十余种性诱剂产品，目前已成为我国茶树害虫绿色防控的重要技术。随着相关学科的不断年发展，茶树植保科技人员在茶树害虫性信息素鉴定、高效配方筛选、高效配套装置研发、应用技术研发和求偶通讯机理等方面开展了科研攻关。茶树害虫性信息素产品逐渐系列化、配套应用技术逐渐成熟化、应用面积逐渐规模化，相信在绿色发展的大背景下，茶树害虫性信息素防控必将获得更大的发展（罗宗秀等，2018）。

另外，随着灯光诱杀技术的发展，利用诱虫灯光防治害虫越来越受到重视。新型的诱虫灯光运用光、波、色、味4种诱杀方式，选用了能避天敌习性，但对植食性害虫有极强的诱杀力的光源、波长、波段，因而对天敌相对安全，而对害虫诱杀量大、种类多、杀虫谱广，其经济效益、生态效益和社会效益明显。

（1）灯光诱杀

频振式杀虫灯是一种全自动化杀虫灯，该灯杀虫谱广，杀虫量大，对农、林等方面的害虫均具诱杀效果。频振式杀虫灯对天敌伤害少，其害益比约为125：1，可有效保护天敌，促进田间生态平衡。频振式杀虫灯对地下害虫金龟子、蝼蛄、地老虎，对茶园害虫茶毛虫、茶尺蠖、茶刺蛾、茶毒蛾、茶蓑蛾等主要害虫诱杀效果好，并且诱杀的雌虫大多未产卵（已产卵的只占13%，完全未产卵的占68%，部分产卵的占19%），降低落卵率85%，降低虫口80%。一盏频振式杀虫灯一晚捕蛾多达1 kg以上（一只雌蛾一次产卵3 000～4 000粒，消灭一只蛾，就等于杀灭几千条幼虫），控害效果尤为明显。一盏频振式杀虫灯，可有效控制的面积为30～50亩，使用寿命为6年。同时诱杀的成虫为高蛋白饲料，可以用来养鸡、养鸭、喂鱼，是不可多得的天然饲料。频振式杀虫灯用物理方法杀虫，无污染，对人畜无毒，适合无公害、无残留种植生产和水产养殖。

物理防治也可采用风吸式杀虫灯，它属于农业害虫综合防治方法中的物理防治方法之一，是近年来农业生产上推广的一项新技术（图8-22）。该灯利用害虫较强的趋光、趋波、趋色、趋性信息特性，将光的波段、波的频率设定在特定范围内，近距离用光，远距离用波，借助害虫本身产生的性信息引诱成虫扑灯，灯外配以频振式高压电网触杀，使害虫落入灯下专用的接虫袋内，达到杀灭害虫的目的。风吸式杀虫灯又被称为联网风吸式杀虫灯，风吸式杀虫灯利用光近距离、波远距离引诱害虫成虫扑灯，然后风机转动产生气流将虫子吸入到收集器中，使之风干、脱水达到杀虫的目的。风吸式杀虫灯使用新型LED光源和风吸式杀虫设备，改进了光源和杀虫方式，极大地提升了茶园害虫灭杀效率；突破传统杀虫灯对小的害虫毫无灭杀能力的局面，大小害虫通杀。

图 8-22　风吸式杀虫灯

（2）黄板诱杀

黄板诱杀是指利用茶小绿叶蝉、黑刺粉虱、蚜虫等害虫的趋黄性，在茶园内悬挂一些黄色粘虫板诱杀害虫（图 8-23）。把黄色粘虫板垂直悬挂于茶园中诱杀害虫，悬挂高度离茶园蓬面 15～20 cm，每亩插 40 块，每块规格为 20～25 cm。经观察记录，5～7 d 粘虫板上粘满害虫，每块可诱得约 0.3 万头昆虫，每亩每批诱虫约 12 万头，诱杀效果显著，粘虫板的使用克服了雨水季节喷药效果不好的问题。使用黄板诱杀害虫，避免施用化学农药，起到生态无害化的作用。

黄色粘虫板在使用中一要保护板面不被污染，二要定期（一至两个月）冲洗，以保证粘虫效果。

图 8-23　茶园黄色粘虫板

3. 生物防治

生物防治是指用食虫昆虫、寄生昆虫、病原微生物或其他生物天敌来控制、压低和消灭病虫害。目前可用于标准茶园害虫防治的主要生物制剂有茶尺蠖病毒、白僵菌、粉虱真菌和苏云金杆菌等。

（1）生物防治的特点

持久性：由于生物防治是利用活的物体，一经施入田间，能逐步适应田间生态条件，成为生态系统中的一个成员。只要条件合适，它们就可以长期起作用。

安全性：生物防治是利用生物来防治害虫，它与化学防治比较，具有较大的安全性，一般不会对人类造成威胁。

同步性：害虫天敌是伴随害虫的发生而发生的，它的作用大小，随着环境的条件而变化。环境条件对它们有利，它们控制害虫的作用就大，反之则小。因此，要使天敌发挥作用，必须注意天敌的同步性，使天敌的发生时期与害虫一致。另外，天敌与害虫还得保持一定的比例，才能控制害虫的大发生和有利于天敌的生存繁殖。为了维持生态系统中的平衡，可以人为地保留一部分害虫，以保证天敌与害虫同步。

专一性：在生物防治应用一种天敌只能控制一种害虫或一类害虫，对其他害虫却无能为力。因此，应用于生物防治茶树害虫时，须注意多种天敌的配合，以发挥生物防治的威力。

（2）生物防治的方法

建立良好的生态环境：标准茶园周围应种植杉、棕、苦楝等防护林和行道树，或采用茶林间作、茶果间作、幼龄茶园间种绿肥，夏季、冬季在茶树行间铺草，均可给天敌创造良好的栖息、繁殖场所。在生态环境较简单的茶园，可设置人工鸟巢，招引和保护大山雀、画眉、八哥等鸟类进园捕食虫子。

结合农业措施保护天敌：在进行标准化茶园耕作、修剪等人为干扰较大的农活时，给天敌一个缓冲地带，减少天敌的损伤。可将茶园修剪、台刈下来的茶树枝叶，先集中堆放在茶园附近，让天敌飞回茶园后再处理。人工采除的害虫卵块、虫苞、护囊等均有不少天敌寄生，宜分别放入生蜂保护器内或堆放于适当地方，待寄生蜂、寄生蝇等类天敌羽化飞回茶园后，再集中处理。

人工助迁天敌：在标准茶园中，害虫、天敌常伴随而生，特别是寄生性、捕食性的天敌昆虫更是如此。害虫大发生时，天敌种群数量也逐渐上升；随着天敌种群数量的增多，害虫数量减少，则天敌因食料缺乏，常互相残杀，使天敌数量减少。因此，可从天敌密度大的地块，成对地移放到天敌少、寄生多的地块中去，以发挥其控制力，扩大繁殖。

引进微生物治虫：标准茶园生态环境较稳定，温湿度适宜，极有利于病原微生物的繁殖和流行，可从茶树害虫的病尸上分离苏云金杆菌等各种病菌，再释放到茶园中去，能很好地造成再感染和流行。病原微生物白僵菌、虫草菌、苏云金杆菌、茶尺蠖核型多角体病毒等，均能在标准茶园很好地建立种群和扩散。

4.化学防治

化学防治是指利用某些化工合成的化学农药控制茶树病虫害的发生和发展。标准茶园病虫害化学防治，在充分利用化学防治所具有的作用快、效果好、工效高、方法单一和受环境影响小等特点的同时，根据化学农药使用的要求，在农药品种的选择和农药的安全使用方面，更为强调减少农药使用所造成的污染，控制茶叶农药残留，以保持茶园生物多样性、维护生态平衡、提高茶叶饮用的安全性。

（1）标准茶园使用化学农药的要求

在标准茶园使用化学农药防治病虫害时，必须考虑茶叶生产的特殊性。首先，茶树是一种全年多次连续采收的作物，一般情况下每隔 7～10 d 采收一次，要求在茶园中使用的农药品种的安全间隔期不能过长。其次，茶树收获的部位正是直接喷药的部位，采下鲜叶直接加工制成成茶，人们在饮茶时用沸水对成茶进行多次浸泡，茶中的残毒对人体有害。因此，对茶叶中农药残留量、毒性以及在泡茶时的浸出率，应予足够的重视和考虑。最后，茶叶是一种供饮用的食品，对色、香、味有严格的要求，要求农药品种在经过规定的安全间隔期后，对茶叶品质无不良影响。

（2）农药品种的选择

根据标准茶园使用农药的特殊要求，理想的适于标准化茶园使用的化学农药品种应具有以下特点：一是药效高，指对靶标病虫具有良好的防治效果，而单位面积农药使用量较小；二是选择性强，在对靶标病虫防效高的情况，对天敌昆虫和微生物比较安全；三是毒性低，对哺乳动物经口、经皮毒性低，无致癌、致畸和致突变性；四是残留期短，农药经施用后，在温度、光、雨水及生长稀释等外界因素影响下，其有效成分能在短期内降解至标准化茶叶允许残留限量水平以下。

（3）农药使用技术

根据防治对象选择不同的农药品种，做到对症下药。采用优化的防治技术提高在茶树和目标病虫上的中靶率，减少在目标物上的沉积，以达到减少用药量、提高防治效果和减轻环境污染的目的。注意轮换用药，在同一地区对同一种病虫应尽量减少连续使用同种或同类农药的次数，尽量采用不同杀虫机理的农药进行交替使用，延缓病虫抗药性的产生。

（4）农药的安全使用

根据农药的有效成分含量、防治对象，确定农药施用的浓度，同时要考虑到兼治的对象、防止盲目提高用药浓度，避免使用水溶性农药。两种以上农药混用时，要注意相互之间的适混性，在一种农药可以兼治时，尽量避免农药的混用。

严格遵守安全间隔期。安全间隔期是指喷施农药到采摘间隔的日期，使得采下的鲜叶经加工后制成的成茶中，其农药的残留量低于国家茶叶允许的残留限量标准。农药的安全间隔期长短取决于农药的残留期和农药的残留毒性。在标准化茶园中推广使用的农药一般都有明确的间隔期，在标准化茶叶生产中必须严格贯彻实施按安全间隔期采摘。

（四）主要病虫害的防治

1. 灰茶尺蠖

灰茶尺蠖又名拱拱虫。分布在浙江、江苏、安徽、江西、湖南、贵州、广西、四川等茶区。幼虫咬食叶片，严重时可使枝干光秃，形如火烧。

防治方法：一是结合秋冬深耕，可将虫蛹翻至土表。减少越冬基数。二是生物防治，在1~2龄幼虫期，喷施茶尺蠖核型多角体病毒；在茶尺蠖天敌绒茧蜂羽化高峰期避免使用化学农药，以保护和利用天敌的自然控制作用。三是化学防治应掌握在幼虫低龄期，使用虫螨腈、苦参碱等进行蓬面喷雾。

2. 茶 毛 虫

茶毛虫又名茶黄毒蛾。在全国茶区均有发生，山地茶园发生较为严重。虫体具有毒毛，触及人体皮肤引起红肿痛痒。

防治方法：一是结合田间操作，人工摘除茶毛虫卵块和虫群；二是当田间虫口密度达到每米茶行有1个虫群时，在幼虫3龄前进行药剂防治。选用药剂参照灰茶尺蠖防治方法。

3. 茶小绿叶蝉

茶小绿叶蝉是全国各产茶省普遍发生的主要害虫之一。为害新梢，使茶叶萎缩硬化，叶尖和叶缘枯焦，严重影响夏秋茶的品质和产量。

防治方法：一是分批及时采茶能采除大量的卵及若虫，可抑制其发展。二是当百叶虫到达 10～15 头时应采用药剂防治。可选用虫螨腈、茚虫威等进行蓬面喷雾防治。

4. 茶 饼 病

茶饼病在四川、贵州、云南、广西、广东等茶区的高山茶园发生较为严重，是一种重要的芽叶病害，不仅影响产量，而且成茶味苦易碎，茶叶品质明显下降。

防治方法：一是加强苗木检疫，防治从病区调入茶苗。二在病害发生初期，选用吡唑醚菌酯、矿物油等进行蓬面喷雾防治。

5. 茶炭疽病

茶炭疽病在全国多数茶区均有发生，在浙江、江苏、贵州和四川等的发生相对严重，特别是在龙井 43 茶树品种上表现最为明显。主要发生在茶树成叶上，也发生在老叶和嫩叶上。梅雨期和秋季雨量较多时，茶炭疽病发生较重。氮肥施用较多的茶园以及树势衰弱的茶树易于发病。

防治方法：一是加强茶园管理，增强茶树抗病性；冬季或早春清除田间枯枝落叶可减少第二年病菌数量。二是药剂防治应掌握在发病盛期前半个月喷施药剂，可选用矿物油、吡唑醚菌酯等药剂进行防治。

第九章

老茶园改造技术

我国拥有一部分中华人民共和国成立前遗留下的和20世纪六七十年代开发的老茶园，由于开垦基础较差，经长期水土流失，部分老茶园土层浅薄、树势衰败、超过经济年龄（40~50年），品种是有性繁殖。还有部分新建茶园，由于建园时择地不当、管理不善，茶树未老先衰或提前老化、低产低质，亟须改造。

在创建标准茶园的同时，对一大批老茶园进行全面改造，是确保茶树资源持续有效开发利用的重要措施，是一项比较复杂的系统工程。针对衰老茶园、未经定型修剪和未老先衰的茶园进行改树、改土、改园和加强改造后精心培育等四方面的技术措施，可促使茶树更新复壮，达到茶叶生产全面优质、高产、高效的目的。

一、改　　树

改造措施应从实际出发，因地因树制宜，分别采用相应的改造技术。茶树树势生长优劣，主要与树龄和分枝生长强弱有关。因此，树冠更新必须将枝条的发育阶段和衰老程度作为改树的主要依据。通常改树有台刈、重修剪。

逐步更新那些单产低、品质差的不良品种，提高良种化水平。

（一）台　　刈

茶树经多年修剪、采摘后，树势生机显著下降。其症状是茶树枝干数量倍增，枝条纤弱，芽叶萌发力减退，轮与轮的间歇期长，开花结实多，枝干灰白，并有严重的回枯现象，寄生较多的苔藓、地衣，对夹叶占绝大多数，根系也向根颈部萎缩，即使增施肥料，树势生机也很难恢复。对这类茶树，应及早进行台刈更新。一般于春茶前在离地面7～8 cm处剪去地上部全部枝干。剪口部位尽量保持平滑，防止破裂而腐烂，影响发芽。台刈后及时喷一次石硫合剂或波尔多液清园消毒。并对行间进行一次全面耕锄，结合施肥，以利根系伸展和发芽，否则达不到更新复壮的目的。

（二）重 修 剪

重修剪的对象是未老先衰的茶树，以及一些树冠虽衰老、但骨干枝及有效分枝仍有较强生育能力的茶树。这类茶树在多次修剪和不断采摘的影响下，分枝结节，层次增多，树冠面形成稠密细小的鸡爪枝，芽叶萌发后绝大部分长成对夹叶；或上部枝梢呈灰白色，局部出现枯枝；或因管理不善，采摘不合理，以致分枝稀疏，发芽力弱，树幅狭小；或因病虫害严重，芽叶萌发力锐减，产量很低。这一类茶园采用重修剪更新树冠，可收到良好效果。在具体方式上，如树势并不十分衰老，主干又较粗壮，修剪程度宜轻（剪去1/3）；树势衰老、主干又细弱的，修剪程度宜重（剪去1/2）。重修剪时间可在春茶采收后，宜早不宜迟。

二、改　　土

台刈和重修剪虽是改造树冠、复壮树势的技术，但不是唯一的措施。多年实践证明，在树冠更新的同时，必须及时配合施肥、修剪、合理留养、防治病虫害等技术，才能充分发挥修剪更新在增产上的作用。

（一）增施肥料

树冠通过修剪更新后，树体经受了不同程度的创伤，并且要在剪口以下部位抽发大量的新生芽叶，这在很大程度上取于土壤营养条件。因此，树冠更新后，必须及时增施肥料。这是提高修剪更新效果的重要技术环节。

老茶园由于年久土壤大多"老化"，尤其是未老先衰茶园一般都土壤瘠薄，改土是关键。特别要注意增施有机肥料。因为有机肥料内含茶树所需要的氮、磷、钾、钙、镁、铁等和微量元素，在土壤微生物的作用下，产生的腐殖质能明显改善土壤的各种理化、生物性状，为茶树创造水、肥、气、热等优良的环境条件。所以施用有机肥料，不仅能增加土壤中的有机质的含量，而且能全面增加土壤中各种养分的含量。一般说来，化学肥料虽容易被茶树快速吸收利用，肥效快，但对改善土壤物理性质的作用不大，如施用不当，对土性还会产生副作用，造成土壤板结等。

（二）深　　耕

老茶园经长年累月的雨水冲刷，水土流失往往较为严重，土壤比较结实。剪后结合施肥，行间全面深耕，保土改土，提高肥力，成为改造老茶园不可忽视的一项重要技术措施。改造老茶园土壤时首先应从治水保土入手，在此基础上，抓好土壤深翻，如有条件，辅以加培客土、重施肥料等措施。

对于土层瘠薄的老茶园，通过深耕，能疏松土壤，增加活土层和孔隙度，提高蓄水性和通气性，为好气性微生物的活动提供良好的生境，也有利于土壤养分的释放和茶树根系的伸展。

（三）加培客土

茶树是深根性作物，要求土层深厚，而老茶园如能加培客土，加厚土层，扩大茶树根系土壤营养面积，有利于根系向纵深发展；同时还能提高土壤肥力，改善土壤质地和土壤理化状况，增强土壤保水和茶树抗旱、抗寒能力。

广大茶区广为流传的"土宽一尺，不如土厚一寸""一年加土三年好，春天少削一次草，冬天当棉袄，夏天抗旱好，当年抵上一次料"等农谚，充分说明客土对改土的作用。

以上改造老茶园的技术措施，既独立又互相联系。在运用时，应针对茶园实际情况，因地因树制宜，既要有所侧重，又要综合运用。只有这样，才能取得预期效果。

三、改　　园

改园就是改良茶园的园相，改园常用方法有两种。

（一）移植归并老茶园

许多老茶园种植密度不足，缺株断行多，土地利用率低，劳动投入多，经济效益低，"看看一大片，采采一小扁"。所以，有必要将种植密度不足、缺株断行多的茶园进行移植归并。移植归并只能采用同龄茶树，这是由于茶树根部能产生一种毒性物质，所以在茶园里补栽小茶苗很难成活。移植归并的方法是将茶树进行重修剪，尽量带土移植，为使根土密切接触，在根际浇一次水，并用草覆盖，保持土壤湿润，有利于生根成活。

（二）换种改植

　　针对老茶园建园时土壤未曾彻底深翻、土层深浅不一、土壤自然肥力较低、种性混杂等弊端，采取大型挖掘机进行全面深翻（80 cm 以上），可破除底层的硬盘层，降低地下水位，有利于园地的排水。深翻后经人工整细整平，开挖种植沟，重施底肥，选用无性系良种，适时定植，苗期进行精心管理（详细内容已在第四章和第五章阐述）。换种改植时，必须注意消除由于老茶树长期生长产生的不利于茶苗生长发育的障碍因素。第一，有害物质的积累，如老茶树的根系分泌物和残留老根的分解产物中常有一些有毒物质，妨碍茶苗生长。在挖除老树时，一定要连根拔除，彻底清除老根。同时采取暴晒或严寒冰冻、种植一二批绿肥等措施。第二，长期的频繁中耕，使土壤微粒下沉，以致在地表以下 30～60 cm 的土深处形成不透水的硬盘层，不利于幼苗根系生长，必须在深耕同时重施有机肥，改良土壤物理性状。第三，由于长期大量施用酸性肥料和茶树本身的吸收特性等，盐基大量流失、磷酸吸收系数增高，铁、锰溶失和铝活性加大。对土壤进行一次测试，必要时施石灰和有机肥等加以矫正。同时长期连作和施用固定的肥料，使得茶树所需的某些养分缺乏，如锰、镁、硫等大量元素和硼、锌、铜、钼等微量元素，或因长期大量施用单一种肥料产生拮抗作用，改植前应予以克服。第四，老茶园由于长期连作，有害病原体与土壤某些微生物的增加，容易引起病虫害的滋生，特别是侵染根和茎的病菌，如绵腐菌、镰刀菌和根结线虫等，需要进行土壤消毒。

四、改　　管

改造老茶园是为了达到"优质、高产、高效"的目的。必须加强改造后的茶园管理，才能充分发挥改造的作用。茶园管理包括肥培管理、树冠管理、采摘管理、病虫草害管理等内容，茶园建好或改造好之后，管理显得尤为重要。

（一）肥培管理

茶树需要大量营养元素氮、磷、钾，同时也需要微量元素，首先应在按氮、磷、钾比例施肥的同时，辅以微量元素肥料。特别要重视增施有机肥，丰富土壤有效养分的含量是肥培管理的中心环节，其次是在茶行行间种植绿肥或铺盖稻草。

（二）树冠管理

修剪养蓬，不论采用何种修剪改造，在初期都要按照新植茶园培养树冠的要求，采用轻修剪和打头养蓬方式，培养树冠，直至茶树树冠养成后才能正式投产。具体的技术规程及操作要领，详见第八章之"一、剪"。

（三）采摘管理

合理采摘一般在树冠改造后的 1~2 年。要把采摘看作是培养树冠的技术措施，贯彻"以养为主"的原则。采摘不合理难以在预期时间内形成良好的蓬面是茶园产量上不去的主要原因之一，新的蓬面难以形成，会导致事倍功半甚至毁园。只有当茶树高度、树冠幅度达到开采标准时，才可正式投产开采。如果提前开采，势必造成茶树矮小，采摘面不大，单产低，且树势很快再次衰老，最终达不到改造的目的。当然，这只是一个原则，具体实施过程中，还要结合茶树生长势和气候特点具体掌握。

（四）病虫草害管理

茶园改造后茶树病虫害的基数大大降低，但新长的新梢极易引起病虫害发生，尤其茶小绿叶蝉、茶尺蠖、螨类和茶饼病等，应被作为防治重点。否则，新萌发的茶芽易受到虫和螨为害，不能正常萌发生长，造成严重的后果。要坚持预防为主，有的放矢，综合防治的原则。另外，草害也是改造后的茶园经常面临的难题，这主要是由于裸露地面增加，有利于杂草繁衍，应尽早铲除，防止与茶树争夺肥水，但千万不能用除草剂在茶园中喷洒。

第十章
茶园作业机械与设备

　　我国虽然是产茶大国，但是目前大部分茶园依然利用人力进行管理，较少采用机械化作业，具有费时费力、劳动异常繁重、效率低下的弊端。同时，由于我国茶园多分布于丘陵山区，地域地形复杂，机械化难度较大，综合机械化作业水平不足 10%，茶园管理与茶叶采摘劳动力成本超过 60%，导致生产效益极低，茶产业综合竞争力和可持续发展受到严重制约。实现茶园生产全程机械化、解放劳动力、节约成本迫在眉睫。

　　标准茶园机械化作业主要包括茶园剪采、开垦与换种改造、茶园植保、茶园防霜冻、茶园灌溉等。

一、茶园剪采机械

　　作为当前茶叶生产中需求较为迫切的机械，茶园剪采机械包括茶园修剪机械和茶叶采摘机械，两者作业目的各有不同，机械类型上也有较大差别。现有的茶园剪采机械种类很多，可根据应用目标合理选择。正确掌握机具操作要求，对保证应用效果、提高生产效能至关重要。

（一）茶树修剪机械

　　茶树修剪机械是与采茶机配套使用的机具，因为能够显著减轻人们茶树手工修剪的繁重劳动，且作业质量好于人工，已在茶叶生产中广泛应用。目前国内常用的茶树修剪机型号如表 10-1 所示。

表 10-1　茶树修剪机型号

类型	型号	刀片形状	割幅（mm）	汽油机（PS）	整机重量（kg）	生产厂家
双人修剪机	NCCZ1-1000	弧	1 000	2.0	14.0	洪都航空工业集团
	4CSW1000	弧	1 000	2.0	15.0	宁波电机厂
	CS100	弧、平	1 000	2.0	17.0	无锡市扬名采茶机械厂
	4CSW910	弧	910	1.7	15.0	杭州采茶机械厂
	V8NewZ21000	弧、平	1 000	3.0	11.9	浙江落合农林机械公司
	SV-W100~120	弧	1 000	3.0	10.2	浙江川崎茶业机械公司
			1 100		10.5	
			1 200		11.0	
	SV-W100~115	平	1 000	3.0	10.2	浙江川崎茶业机械公司
			1 100		10.5	
			1 150		11.0	
单人修剪机	4CDW330	平	330	1.1	9.0	杭州采茶机械厂
	AM110V/AM110VC	平	525	1.0	9.6/10.0	浙江落合农林机械公司
	AM-45V	平	450	1.0	9.3	浙江落合农林机械公司
	HV-10A		410	1.0	4.9	浙江落合农林机械公司
	NV45H	平	450	0.8	8.9	浙江川崎茶业机械公司
	NV60H	平	600	0.8	9.4	浙江川崎茶业机械公司

资料来源：《中国茶叶机械化技术与装备》（权启爱，2020）。

1. 双人茶树修剪机

双人茶树修剪机（图 10-1）是一种由双人抬跨行作业的茶树修剪机，能够修剪的茶树枝条粗细不同，有轻修剪机和深修剪机两种，刀片形状分别有弧形和水平型两种。轻修剪机和深修剪机的机械结构基本相同，轻修剪机的修剪部位较高，剪切的茶树枝条较细，故

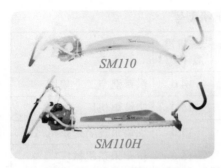

图 10-1　双人茶树修剪机

刀齿较细长，配套汽油机的功率也较小；深修剪机的修剪部位较低，剪切的茶树枝条较粗，故刀齿较宽、短，配套汽油机功率也较大。

2. 单人茶树修剪机

单人茶树修剪机又称为手提式茶树修剪机，是一种可由一人手持作业的茶树修剪机，汽油机与工作主机装为一体。

3. 茶树双侧修边机

标准茶园中，为便于枝条机械化作业，常常需要进行茶树修边，剪去茶行两边的枝条，使行间留出 20～30 cm 的操作间隙。

4. 茶树重修剪机

茶树重修剪机是为茶树进行重修剪而设计，它要求将已比较衰老茶树的离地 30～40 cm 枝条剪去，重修剪机所剪枝条直径大都在 10 mm 以上，故对刀片强度的要求高，刀齿较宽、较厚，动力机功率要求也较大。现生产中茶树重修剪机的使用尚不普遍，但因人工茶树重修剪作业十分繁重，对机械化作业需求迫切，国内曾经研制过相关的机型，主要有双人抬式茶树重修剪机、轮式茶树重修剪机。

5. 茶树台刈机

茶树台刈机是将茶树离地面 5～10 cm 以上的枝条全部剪去的机械，也是茶树修剪机械中修剪枝条最粗和最坚硬的机械。目前在茶叶生产中应用的茶树台刈机，多为林业领域所使用的割灌机，是一种从林业机械引入、使用圆盘锯割式作业原理的茶园衰老茶树台刈设备。因为茶树台刈切割的枝条是茶树上最为衰老粗大而坚硬的枝条，一般是将离地面 5～10 cm 以上的枝条全部剪去，是茶树修剪作业中深度最深的修剪。若像其他修剪作业一样，使用往复切割式修剪机修剪，难以剪断，即使勉强可将枝条切断，也容易造成枝干切口开裂，影响台刈后新芽的萌发和生长。故一般使用林业上所应用的圆盘式割灌机进行茶树的台刈，称之为茶树圆盘锯式台刈机。

6.茶树修剪所使用的手工器械

在我国茶叶生产中，由于农户和小块茶园比例较大，故部分生产中茶树修剪还使用手工器械，其中有大剪刀（绿篱剪）、剪枝剪、台刈用镰刀和手锯等。

（二）茶叶采摘机械

因采茶机械和修剪机通常被配套使用，故统称采茶机械，它们的切割原理也一样。采茶机械的类型较多，由于用途不同，可分为机动和电动两种。机动是以小型汽油机为动力，电动有小型汽油发电机组和蓄电瓶等，目前我国茶区应用的主要是机动式，按操作方式分，有单人手提、双人抬和自走等形式，目前我国茶区使用的主要为前两种，分别称之为单人采茶机、双人采茶机；按刀片形状分，有弧形和平形两种。

当前我国茶区常用的采茶机械型号如表 10-2 所示。

表10-2　我国茶区常用的采茶机型号

类型	型号	刀片形状	割幅（mm）	汽油机（kW）	整机重量（kg）	生产厂家
双人采茶机	NCCZ1-1000	弧	1 000	1.47	14.0	洪都航空工业集团
	4CSW1000	弧	1 000	1.47	15.0	宁波电机厂
	CS1000	弧、平	1 000	1.47	17.0	无锡市扬名采茶机械厂
	4CSW910	弧	910	1.02	17.0	杭州采茶机械厂
	V8NewZ2-1000	弧、平	1 000	2.34	12.3	浙江落合农林机械公司
	PHV100	弧、平	1 000	1.10	13.0	浙江川崎茶业机械公司
单人采茶机	4CDW330	平	330	0.81	9.0	杭州采茶机械厂
	NV45H	平	450	0.59	11.0	浙江川崎茶业机械公司

资料来源：《中国茶叶机械化技术与装备》（权启爱，2020）。

二、茶园耕作机械

长期以来，茶园耕作依靠手工进行，为了有效提高劳动生产率，必须大力发展茶园耕作机械。本部分主要介绍移植机械和中耕机械。

（一）移植机械

茶园开沟施底肥后，即可进行茶苗移栽定植。在生产上可采用一种人工茶苗起苗器进行移植。起苗器的主要结构由机架和机管两部分组成。机架由两根长70 cm的小型圆钢焊制而成，下部焊在机管两侧上，上端装有木制的操作手柄；机管为一直径80 mm的钢管，高16 cm，上端一边焊有月形舌板，下端加工成波形，内径加工成入土锐角；机管内置活动圆环一只，圆环上端面焊有小框架，框架上部横挡两端的孔分别套在机架的两根小圆钢上，并可沿圆钢上下灵活移动，框架缓冲弹簧的一端分别装在机架两圆钢竖杆上。起苗时，用双手握住操作手柄，将茶苗套入机管，脚踏月形舌板，起苗器机管随之入土，拔起机管，以右脚踏下圆环框架横挡，在圆环的作用下，1 株营养钵式的带土茶苗便离管而出，再用稻草梱扎后，便可运往已开垦好的茶地上栽种。只要掌握好起苗前将茶苗修剪成高 15～20 cm，起苗前一天下午淋湿苗地，起苗时将畦面土略加踏实，移苗的成活率可达 85% 以上。

（二）茶园中耕机械

已研究应用的茶园中耕机械主要有乘坐式茶园耕作机和手扶式茶园耕作机。由浙江省新昌县捷马机械有限公司研发生产的 ZGJ-120 型茶园中耕机，在浙江、江西、安徽和四川等省茶区推广应用后，用户反映性能良好。其他还有凯马小型茶园管理机、日本自走式小型茶园耕作机、C-12 型茶园耕中耕机、ZGJ-150 型茶园中耕施肥机、工农 -3 型小型中耕除草机和 5C-6 型自走式茶园深耕机等。

三、茶园植保机械与设施

防治病虫害是保证茶叶优质高产和质量安全的重要措施。农药喷洒是一门综合性技术，合理选用茶园病虫害防治机械与设施十分重要。

（一）茶园病虫害防治机械

茶园病虫害防治机械也称植保机械，按施用农药剂型和用途，分为喷雾器（机）、喷粉器（机）与烟雾机等；按作业使用动力，分为人力植保机具、机动植保机具、航空植保机具；按使用移动方式，分为手持式、肩挂式、背负式、担架式、推车式、机动牵引式等；按施液量多少，分为常量喷雾（雾滴直径 15～400 μm）、低容量喷雾（雾滴直径 100～150 μm）、超低容量喷雾（雾滴直径＜50 μm）等；按雾化方式，分为液力式喷雾机、风送式喷雾机、热力式喷雾机、离心式喷雾机和静电喷雾机等。

由于茶园多分布在山地丘陵地区，茶树病虫害防治机具选用手动背负式喷雾机居多。此类机具是农村中较常用、担负防治面积较大的植保机具。如今，生态环境备受关注，最佳施药效果、最少环境污染，减少农药漂移和地面无效沉积，提高农药有效利用率，降低单位面积农药使用量一直是植保机具研究发展方向。

静电喷雾技术是这些年发展起来的一项新技术。该技术应用高压静电，在喷头与目标之间形成一个电力场，通过静电喷雾机使农药雾化并使雾滴带有相同电荷，在空间的运行过程中互相排斥，不会发生凝聚现象。带电雾滴在电场力的作用下，能快速均匀地飞向目标，因而雾滴在喷洒后，因风吹雨淋引发的雾滴流失减少。静电喷雾机工作时，喷嘴产生具正或负的高压静电，喷嘴喷出的雾滴带有和喷嘴极性相同的电荷，根据静电感应原理，地面目标表面将引起和喷嘴极性相反的电荷。如果喷嘴具有负的高压，就会在目标表面引起正电荷，并在两者间形成静电场，产生电力线。带电雾滴受喷嘴同性电荷排斥，受目标表面异性电荷吸引，沿电力线吸向目标各个方面。这也使得静电喷雾的雾滴不仅能被吸附到目标正面，而且能被吸附到目标背面，使雾滴命中率提高，使目标覆盖均匀（尤其是植物叶背面能附着雾滴）、黏附牢固、飘失减少，可提高农药使用的效果、降低农药施用量、减少农药对环境的影响。但静电发生装置结构复杂，成本较高，此外，农村水源清洁状况使该项技术应用受制约。

（二）茶园病虫害防治设施

茶园病虫害防治设施主要有光诱器、化学引诱器和粘虫板。它是利用昆虫对光、化学物质等产生趋性所设置的诱捕器。

1. 光　诱　器

光诱器利用昆虫对特定波长光具有的趋性捕捉害虫。

（1）黑光诱虫灯

黑光诱虫灯是一种特制的发出 330～400 nm 紫外光波的气体放电灯。因人类对该波长的光不敏感，它被称为黑光灯。黑光灯由高压电网灭虫器和黑光灯两部分组成，黑光灯像普通的荧光灯或白炽灯泡，利用灯光把害虫诱入高压电网的有效电场内，当害虫触及电网时瞬时产生高压电弧，把害虫击毙。应用黑光灯可诱集 300 余种昆虫，其中以鳞翅目昆虫最多。

（2）频振式诱虫灯

频振式杀虫灯的杀虫原理是运用光、波、色、味 4 种诱杀方式杀灭害虫，也即利用昆虫的趋光、对特定波长的反应、趋色（对各颜色喜好不同）和性诱原理（接虫袋内有击伤活虫存在，活虫释放的性信息素可提高诱捕率），将光的波长、波的频率设在特定的范围内，灯外配以频振高压电网触杀，使害虫落袋，达到降低田间落卵量、压低害虫基数、防治害虫的作用。主要元件是频振灯管和高压电网。频振灯管能产生特定频率的光波，引诱害虫靠近。高压电网缠绕在灯管周围能将飞来的害虫杀死或击昏。

2. 化学引诱器

昆虫信息素是昆虫用来发送聚集、觅食、交配、警戒等各种信息的化合物，是昆虫交流的化学分子语言，是调控昆虫雌雄吸引行为的化合物，具有既敏感又专一、作用距离远、诱惑力强的特点。雌成虫在性成熟后，会释放一种称为性信息素的化合物。该化合物被释放至空气中后随气流扩散，刺激雄虫触角中的化学感觉器官，引起雄性个体性冲动并引诱雄虫向释放源定向飞行，与释放信息素的雌成虫交配以繁衍后代。根据这种生物特性，采用仿生合成技术以及特殊的工艺手段，将仿生化合物添加到诱芯中，安装到诱捕器上。通过诱芯缓释至田间，将害虫引诱至诱捕器上并将其捕杀，从而减少田间虫口基数，达到生态治理的目的。性诱剂是模拟自然界的昆虫性信息素，通过释放器释放到田间来诱杀异性害虫的仿生高科技产品。该技术诱杀害虫不接触植物和农产品，没有农药残留之忧，具有不使之产生抗性、捕杀专一性强、降低农药使用的优点。趋化性受水流和气流的影响较大，因而通常在小范围的静止环境中更为有效。茶园中有多种形式利用化学诱杀害虫的方式，如将化学引诱剂放置在诱虫灯设施中，或将诱虫剂置于粘虫板上，当昆虫被化学信息素引诱飞至诱杀设施内时，或被电、水诱杀，或被粘虫板粘连。

3. 粘 虫 板

粘虫板是一种利用昆虫对颜色的特殊喜好，在不同颜色的材料上涂置一层黏结剂，当昆虫向喜好颜色趋近时，被涂在颜色板上的黏结剂粘连。茶园中应用较多的黄色粘虫板，可诱杀蚜虫、白粉虱、烟粉虱、飞虱、叶蝉、斑潜蝇等；也有蓝色粘虫板，可诱杀种蝇、蓟马等昆虫，对由这些昆虫为传毒媒介的作物病毒病也有很好的防治效果。

黄（蓝）色粘虫板遵循农林生产绿色、环保的产品理念，推行物理防治和生物防治。用木棍或竹片固定粘虫板，然后插入地下，粘虫板悬挂于距离作物上部 15～20 cm 即可。应注意的是，使用后的纸或板应回收集中处理，黄板诱杀害虫应与其他综合防治措施配合使用，才能更有效地控制害虫为害。

以上病虫害防治设施的使用时间和使用方法对防控效果影响很大。不同病虫害的发生时间及其习性、活动范围等，在不同茶区有差异，各地要根据当地当时病虫害预测预报情况，针对防控对象，按设施使用说明，掌握好使用时间和使用方式与方法，使设施的布置能获得好的结果。

（三）茶园机械化施药的有关技术

茶园的机械化施药是一门综合技术。首先，要按生产要求正确选择农药，尤其须注意施药茶园是无公害茶园还是有机茶园，按其要求正确用药，并安全配制农药，注意用药安全。其次，要正确选择施药机械，尽可能选择低容量喷雾的弥雾机械。如果茶园面积较大，应首选机动弥雾机。一般茶园应该首选背负式手动喷雾机，以尽可能实现低容量甚至是超低容量喷雾。在条件不允许的情况下选用手动背负式喷雾器，注意选择好喷头和喷头片，如选用小喷孔喷头片，可在普通的手动背负喷雾器上实现中容量或低容量喷雾。我国手动喷雾器上配有 1.6 mm、1.3 mm、1.0 mm、0.7 mm 的喷头片。

大孔喷头片喷雾面积大，对靶性差；小孔喷头片喷雾面积小，对靶性好，雾滴易于穿透茶蓬内部。NS-15型手动背负式喷雾器配用的喷头及喷片形式，则有空心圆锥雾喷头、可调喷头和标准型狭缝喷头等几种。凸形喷头片空心圆锥雾喷头，涡流室较深，适合茶树苗期喷雾；双槽旋水芯空心圆锥雾喷头，雾滴较细，适合防治茶蓬叶面害虫；标准型狭缝喷头，适合茶树全面喷雾。可调喷头可拧转调节帽改变雾流形状，调节帽往前拧则射程变远，雾滴较粗；往后调节则射程变近，雾滴较细。此外，有了良好的施药机械，还要有正确的施药方法，例如，使用手动喷雾器喷洒农药时，为保证正常的工作压力，要求每分钟揿动驱动手柄18～25次，并尽量采用后退行走喷雾方法，在防治枝干性病虫害时，要注意茶蓬内外全部喷洒到位，以提高防治效果。

四、茶园防霜冻风扇

春茶的好坏直接关系到茶叶生产的经济效益，但茶区早春气候复杂多变，尤其春茶开采时节，最怕倒春寒来袭。倒春寒，是在春季天气回暖过程中，因冷空气的侵入，使气温明显降低的现象，这种"前春暖，后春寒"的"倒春寒"天气给茶叶生产带来极大危害。茶园中安装防霜冻风扇（图10-2），可有效抵御寒害、防止霜冻。

（一）作用原理

风扇防霜冻方法在国外应用比较广泛，尤其是在日本和韩国。在我国江浙一带的现代化规模茶园中，也开始采用这种方法，效果

图 10-2　茶园防霜冻风扇

比较显著。防霜风扇可分为两种，一种是吸排式的防霜系统，通过将近地面的空气吸排到高空，加强上下不同温度空气流动来实现；另一种是高架式防霜风扇，由高空往低空送风。两者原理相同，目前国内引入应用较多的为高架式防霜风扇。其原理是离地 6～10 m 的气温比茶树蓬面温度高 5～10 ℃，所以可以在离地 6.0～6.5 m 的地方安装送风机。当霜冻发生时，自动开启大风扇，将上层的暖空气吹送到茶树表面，提高茶树表面温度，达到防霜和促进茶芽生长的目的。同时，由于大功率风扇扰动茶园近地面空气，形成微域气流，吹散水气，可减少露水的形成，阻止霜冻（冰晶）的形成。即使形成轻微霜冻，由于化霜时风机再次扰动近地面空气形成微域气流，也可减缓化霜速度，从而减轻茶芽的二次冻害。

（二）安装与使用

茶园防霜冻风扇的安装、修理应由专业人员操作。达到最佳防霜效果，要依茶园的地形、地貌、气流走向、面积大小确定防霜风扇数量与分布。安装时，数台防霜风扇由一个自动控制系统进行控制，以每公顷茶园安装 30～40 台防霜风扇配置较为合适。几个可变动参数多数的设定值为：风扇左右摇摆角度 90°，风扇下俯角度 35°，安装高度 6～8 m。

安装好的防霜风扇的感应探头设置于茶树蓬面上，一般设定开启温度为 3 ℃，停止转动温度为 5 ℃。这样，在设定的开启温度下，防霜风扇会自动开启，稳定送风。也有通过温差控制启动类型，当气温低于某一设定温度，茶蓬面温度比高空温度低 2 ℃以上时开启。

电流必须控制在电机额定电流强度之内。为防止风扇脱落等事故发生，应定期检查各部件，发现问题及时处理。

五、茶园灌溉设施

根据茶树多在山区和丘陵地带这一特定条件，茶园灌溉方式采用喷灌较为合适，而滴灌技术发展引人关注。

茶园中安装喷灌设施，在干旱季节时使用，可有效促使茶树正常生长，有利提高产量、改善品质。它与传统的浇灌、流灌相比，具有节水、保土、省工、适应性强等多方面的优点，采用适宜的喷灌强度，可以防止水肥流失，土层不易板结，又能有效改善园区湿度，为茶树创造良好的生态环境，有条件的应尽快实施。

（一）茶园喷灌设施

1. 茶园喷灌设施的组成

喷灌系统一般由水源工程、首部工程、输配水管系统和喷头等组成。喷灌必须要有充足的水源，如河流、湖泊、水库（塘、池）和井泉。加压设备（水泵、动机）、计量设备（流量计、压力表）、控制设备（闸阀、给水栓）、安全保护设备（过滤网、安全阀、逆止阀）、施肥设备等，统称为首部装置。输配水管系统指除首部工程外，其他安置在园区的水管等装置，包括干管、支管、竖管，以及连接配件（直通、弯头、三通等）和控制配件（给水栓、闸阀、进排气阀等）。

2. 茶园喷灌设施的类型

喷灌设施有固定式、移动式和半固定式3种类型，不同类型的设施系统稍有差异。固定式喷灌系统的全部设备常年固定不动，除竖管和喷头外，所有管道均埋在地下，水泵、动力机及其他首部枢纽设备安装在泵房或控制室内。移动式喷灌系统除水源外，其他所有设备都是可以移动的。半固定式喷灌系统是在灌溉季节将动力机、水泵和干管固定不动，而支管、喷头可移动。

（二）茶园滴灌设施

滴灌是节水效果较好的灌溉技术之一，水分利用率可达95%，该技术主要应用于高附加值的蔬菜、水果、花卉等作物，已在部分茶园试用。

1. 茶园滴灌系统的组成

茶园滴灌系统包括水源、首部枢纽、输配水管网和滴水器（滴头）四部分。按设备固定程度可分为固定式、半固定式和移动式。固定式滴灌的各级管道和滴头的位置是固定的，干管、支管都埋在地下，毛管和滴头固定布置在地面，这种管道布置方式操作方便，管道和滴头安设方便，如滴头堵塞、管道破裂、接头漏水等易发现。不足之处是毛管用量大，毛管直接受光照影响，老化快，管道和滴头易被人为破坏，影响田间作业。移动式滴灌系统的干管、支管和毛管均可移动，设备简单，大大降低了工程造价，省投资，但用工较多。半固定式滴灌系统其干管、支管固定埋在地下，毛管和滴头可移动。其投资为固定式滴灌系统的60%左右，使用时增加了移动毛管劳动，移动管道时易损坏设备。

滴灌系统的首部枢纽包括动力、水泵、水池（或水塔）、过滤器、肥料罐等。输配水管网包括干管、支管、毛管以及一些必要的连接与调节设备，干管、支管多采用高压聚氯乙烯塑料制成，管径为25～100 mm，毛管是最末一级管道，一般用高压聚乙烯加炭黑制成，内径为10～15 mm，其上安装滴头。

2.滴灌系统堵塞与处理方法

滴灌的优点是显而易见的，节水，避免了径流损失，不会出现喷灌中易引起的漂移和输送喷洒时的蒸发损失，通过滴灌系统施肥，提高肥料利用率，等等。但是，滴灌系统的应用存在一些问题，系统建设成本是一个制约因素，使用中的主要问题是滴头易堵塞。产生这一现象有系统本身原因，也有许多人为因素。水源中的一些有机悬浮物、无机悬浮物也影响系统畅通与否。有机悬浮物包括浮游生物、枯枝、落叶及藻类等，无机悬浮物有沙、粉粒、黏粒物等。对于这些物理因素引起的堵塞，可考虑对水源进行处理后再使用，例如，通过沉淀、过滤等办法，去除给管道带来堵塞的杂物再进行灌溉。

滴灌系统中还有一些堵塞是由水源中的无机物在不同的 pH 的水质中沉淀引起。如 pH 值超过 7.5 的硬水，钙和镁可能会停留在过滤器中。pH 值较小的水，含铁量较高的水，易形成金属氢氧化物沉淀堵塞滴头。对于由 pH 值较大的硬水引起的堵塞，可采用酸液冲洗办法处理；由铁、锰等引起的堵塞，可通过适当增大系统所使用的滴头流量，或在灌溉水进入系统之前先经过一个曝气池进行曝气处理，使铁、锰等被氧化、沉淀，不进入系统，缓解堵塞发生。

灌溉水中的一些藻类生物、细菌、浮游动物等都会引起系统堵塞。对此，要清洁水源，如经滴灌系统施肥后，必须滴清水 30 min 以上，使滴头中不残留养分。

许多系统堵塞是由于系统安装与检修过程中的不当操作造成的。如在安装与检修时的细小碎末杂质没有很好地清除，最后进入管网内引起堵塞。因此，在进行系统安装与检修时要严格操作要求，及时清除管网内的杂物，经常对系统中的过滤设备进行清理与维护，以保证滴灌系统的畅通。

第十一章

智慧茶园建设

一、智慧茶园的意义

　　标准茶园的生产目标是生态、优质、绿色、高产。围绕这些目标，近年来，各地在发展生态茶园的过程中，不仅引入了智慧茶园的概念，而且不少地区还应用了智慧茶园新技术。这些新技术的应用，为当地发展优质茶产业提供强有力的技术支持，推动了茶园管理智慧化。为了进一步提高标准茶园发展水平，充分运用物联网、互联网等高新技术为产业赋能，尽快创建与运用智慧茶园实有必要。

　　随着科技发展，茶园栽培管理，可以将先进的物联网与互联网信息技术相结合，基于精准传感器技术实时监测茶树生长环境，如：土壤水分监测、土壤 pH 值监测、土壤电导率值监测、土壤温湿度监测、光照强度监测、空气温湿度监测、二氧化碳浓度监测、虫情监测等，并利用大数据、云计算等技术对系统传感器所采集的数据进行分析，建立相应的数据处理模型，预测茶树的生长环境以及病虫害情况，提供实时数据信息，作出科学、准确的生产策略，从而达到增产、改善品质、调节生长周期、提高经济效益的目标。这种茶园被称为智慧茶园。智慧茶园还具有全景可视化视频监控系统、环境智能监测及识别系统、智能灌溉系统等八大系统，通过创新科技让茶园管理节本增效，促进茶产业绿色高质量发展。

　　智慧茶园建设，有助解决茶园用水难、施肥难、施药难及灌溉不均等问题，使绿水青山间的茶园焕发出新的生机，助力茶产业逐步成为当地乡村振兴的支柱产业。目前智慧茶园建设已在全国各地茶区，如福建、浙江、山东、安徽、四川、广西等地推广应用。

二、智慧茶园的效益

（一）经济效益

智慧茶园项目建成后，可使茶农深深感受到数字技术带来的变化和便捷，提高茶叶基地内重大疫病疫情的监测准确率，减少农户的防治成本，提高产品品牌美誉度，进而提高产品价值。

（二）社会效益

智慧茶园系统解决方案、数字茶园信息化建设方案项目的实施，使农业生产与销售有了精准的目标与方向，美丽乡村建设有了基础支撑，对于提升农产品质量安全水平，助推现代产业园区建设，起到积极的推进作用。智慧茶园是对实现农业数字化建设，促进农业生产两个目标（保数量和保质量）的有力探索。

（三）生态效益

智慧茶园在防治作物病虫害的过程中，靶向性更强，农药使用更少。现代有机茶叶基地建设，倡导不使用农药化肥，为茶叶基地将农业的元素与城市文明的融合提供了现实的样板。

三、智慧化种植生产管理系统

（一）智慧化种植生产管理系统的功能

在茶园安装高清摄像头，可对茶园实时生产监控，视频板块可以通过视频图像，直观地查看茶叶生产状况、判断能否采摘。重点是监控病虫害并提前做出防护，以免影响茶叶的质量和产量。智慧茶园监测系统结合物联网技术，如 4G／5G 通信等先进技术，实现了茶园管理的智能化和数据化管理。可通过云端形式同步转播给消费者，使其可以在手机上进行远程查看，提高消费者信任度。

在茶园安装农业气象站监测站，可对茶园内气象数据进行采集，主要包括空气温湿度、土壤温湿度、光照强度、二氧化碳浓度、降水量、蒸发量、大气压力等等。因为茶叶在采摘期时间比较紧，环境的变化直接影响茶树的长势。

在茶园内部安装智能水肥灌溉系统，通过应用小程序和个人电脑端云平台实现对茶园灌溉施肥的远程控制和依据云端大数据自动化控制，可节水灌溉、精准配肥、保障土壤肥力。

在茶园部署绿色防控设备物理灭虫灯和虫情测报灯，可对茶园常见病虫情进行全面防控检测：通过物理灭虫方式，助推绿色生产，有效降低茶叶农残；及时发现虫害，及时查杀，把虫害影响降到最低。智能虫情测报系统在无人监管的情况下，自动完成诱虫、杀虫、虫体分散、拍照、运输等系统作业；实时查看茶园虫情状况，现场拍照上传至平台；自动识别茶园虫害并计数，植保工作人员通过个人电脑端或应用小程序即可实现对茶园的远程监测，解决人工统计费时费力、不准确、效率低的问题，实现茶园病虫害的远程在线实时测报，及时获取虫情预警信息，获得智能化、自动化管理解决方案，有效开展防治工作。

在茶生产车间安装传感器，可实时监测生产车间环境情况，能更好地分析掌控生产环境对茶叶生产的影响。

本部分将重点介绍茶园环境信息采集系统和茶园物联网数据管

理系统。

（二）茶园环境信息采集系统

通过在茶园安装农业气象站监测站，布设相应的各类传感器，可实时在线采集茶园的空气温度、相对湿度、风速、风向、降水量、光照强度、二氧化碳、土壤温湿度、土壤电导率、土壤肥力（氮磷钾），实时监测并上传云端，精准预报本地小范围气象环境。建设1处实时抓拍枪形摄像机，可对茶树生长过程进行近距离拍照收集，为茶园的精准化栽培管理提供数据支撑。建设3处高清枪形摄像机和1处360°高清球形摄像机，可对茶园环境实时监控，实时采集视频信号，可显示茶树生长实时画面。园区管理者可以在电视上进行远程查看，随时随地了解茶园情况。通过在茶园安装农业气象站监测站，可对茶园环境进行实时监测并上传云端为科学管理提供数据依据。对茶园进行手机实时监控、远程操作等，可为茶园搭建起一个"智慧防护网"。

例如，浙江气象部门建立了茶叶气象信息数据库，对气象观测所获取的数据进行专业建模分析，提前7～15 d对倒春寒、霜冻等灾害性天气作出预警，提醒茶农提前做好防冻措施，为茶园搭建又一道"智慧防护网"。在杭州，随着数字化进程的不断加深，智慧茶园管理系统的引进，让龙井茶从茶树种植、收购到销售的各个环节都充满了数字化。从2020年开始，杭州市西湖区农业部门就装上了太阳能杀虫灯，同时利用物联网和GIS（地理信息系统）地图，对茶园进行手机实时监控、远程操作等，为茶园搭建起一个"智慧防护网"。

（三）茶园物联网数据管理系统

茶园物联网数据管理系统让茶园管理更精准、更科学、更便捷，可以帮助茶园实现精准种植、智能管理、智能决策。该系统致力于如何在不破坏原本传统的茶园管理的基础上，让技术帮助茶农更科学、高效地管理广袤的茶园。系统将基于茶园数据累积和分析与滴灌微喷等关联实现自动控制，即通过物联网在线精准监测茶树生长环境数据（空气温湿度、土壤温湿度、茶叶叶面温湿度等），远程控制开启关闭滴灌微喷系统，改善茶叶生长的微环境，调控茶园空气湿度和光照强度，使得茶树生长长期处于一个较佳的生长环境。

例如，科润物联网能够精准在线监测茶园的太阳全辐射和有效光合辐射，可以根据监测的光照强度自动开启和关闭微喷系统的确切时间，有效避免强日照对茶叶的灼烧。科润物联网微喷系统也可以实现叶面肥、农药、生长调理剂等的自动喷洒，使药剂分布均匀；可在每棵茶树四周喷药，并由茶树下向上喷药，充分地把药剂喷在树叶的正反面。

茶园物联网数据管理系统还能减少药物的流失，有效提高利用率，节约成本；通过物联网网络远程控制，省去人工到现场打药，不仅可避免药物对人体的伤害，而且能节约人工成本。通过长时间数据累积生成生长模型，实现精准栽培。通过该生长模型可模拟茶树所处的生长期，并结合茶叶的生长信息（每个生长期土壤的最佳温度、湿度，空气的最佳温度、湿度，所需光照情况）以及茶叶的实际环境信息，制定田间管理方案，使茶树始终处于最优的生长环境，最终实现茶叶产量和品质的可控化。

例如，在中国联通的技术支持下，福安坦洋茶场已成为全国首个 5G 农业智慧茶园示范区，将 5G、物联网、信息化、大数据、区块链、云服务等智慧农业等核心技术应用于茶场，提升茶叶生产质量和效率。福安坦洋茶场 5G 智慧茶园一期已建设 500 多亩，100 多个摄像头分布其中。这些田间设备能够实现 24 h 不间断监测，第一时间发现病虫害并自动报警，将病虫害扼杀在萌芽中。这不仅减少了农药的使用，还让茶园管理更节本增效，促进农业绿色高质量发展，从而减少环境污染，带来更多的社会效益。同时，通过 5G 网络，专家在远方通过电脑或手机就可以诊断病虫害，更精准地指导生产，保持茶青产量稳定、提升茶叶产出品质。茶园管理人员说，原本需要工作人员上山花几天时间解决的问题，现在不到半天就能解决了，"既高效，又精准"。

5G 智慧茶园项目目前已完成了环境智能监测及识别系统、智能灌溉系统、全景可视化视频监控系统等功能开发上线。福安市农垦集团有限公司董事长余成法表示，农垦集团通过中国联通的物联网技术、云计算技术，完成了完整的 5G 智慧茶园建设。现在的消费者对茶叶质量安全非常重视，公司可以通过智慧茶园系统把全部可视化的生产过程完整地展现给消费者，对提升茶园管理水平、提升农垦茶叶品质、宣传福安茶叶品牌起到了很好的助推作用。2020 年 1 月，金华更香茶业开发有限公司，正式启动茶叶数字化生产线及智慧茶园建设，在金华移动 5G、云计算、物联网等技术的支持下，目前一期项目已完成 3 000 m² 茶叶数字化生产线调测和 200 亩种植基地数字化改造。智慧茶园还建立了安全生产溯源系统，实现了"来源可溯，去向可查，责任可追"的食品安全管理高标准。未来，茶园管理应紧跟国家数字化转型战略步伐，加速数字农业应用创新，助力乡村振兴和农业产业链发展，打造 5G 时代智慧农业数字化转型新标杆。

总之，智慧茶园建成，推动茶产业走向数字化、品牌化、标准化、绿色发展的路子，将成为实现农民更富、农业更强，农村更美的载体。通过在标准茶园建立基础上，进一步建立数字农业智能化监控平台，有效提高我国茶叶生产中病虫害的预测水平、实现农业投入品减量控害、带动农产品质量安全水平提升。为优质绿色茶叶真正走向全国，奠定坚实的基础。通过建立农资管理平台，能提高针对茶叶行业生产效率、农业执法的精准率、农资经营户信息化的应用率。茶叶标准化生产管理平台的建设，能实现现代农业的资源化利用、农业需求的响应、生产能力的提高、质量安全的保障。农业可视化综合信息管理中心的建设，能从宏观上了解、指挥、协调各种资源要素，从全域、全产业链、全要素的视角，统领乡村振兴和现代农业产业的建设工作。

四、植保无人机在智慧茶园中的应用

发展以工作效率高、人力投入少、处理面积大为特征的高功效、轻简化农药施用技术成为缓解我国茶园病虫害防治压力、推动茶产业现代化发展的迫切需要。作为农用航空作业的重要代表之一，无人机施药（图 11-1）是新型的施药技术，契合我国目前茶产业发展对节省劳动力的需求。

近年来，随着植保无人机硬件设备和飞控系统的快速发展，全国各地茶区使用植保无人机进行防治的面积突飞猛进。从各地实施情况看，植保无人机防治具有作业效率高、对人体安全等优点，每

图 11-1　茶园无人机施药

天每架时作业面积可达 40 hm^2，远高于人工施药的作业效率。它与传统常规背负式施药装备不同，是一种低容量高浓度的低空施药方式，可大幅度减少农药用量，提升经济效益。通过网络，专家通过电脑或手机就可以诊断病虫害，可更精准地指导生产、保持茶叶产量稳定、提升茶叶品质。

五、展　望

早在"十三五"期间，我国就提出要加强现代农业设施建设，依托现有资源建设农业农村大数据中心，加快物联网、大数据、区块链、人工智能、5G、智慧气象等现代信息技术在农业领域的应用。2021年，中央一号文件提出要举全党全社会之力加快推进农业农村现代化、建设数字乡村。"十四五"是实施数字乡村发展战略的关键时期，应进一步推进乡村数字基础设施建设，加快智慧农业发展。可见，智慧农业已成为农业发展方向，但现阶段智慧农业的研究仍处于起步阶段，特别是在智慧茶园领域。"十四五"期间及未来更长一段时期，智慧茶园发展将会以理论、技术、装备和系统研究为核心，基础研究与应用研究相结合，集成智慧茶园监测、预警、调控、溯源等技术。现阶段应加强以下5个方面的研究，以期更好地助推智慧茶园高质量发展。

第一，研究基于物联网的智慧茶园管控关键技术与装备。研究茶园生长环境、水肥营养、茶树生长发育、病虫情、农药残留等的智能识别和管控技术，创新开发集多功能于一体的国产传感器，实现实时、动态、连续的信息感知，并强化传感器的采集精确度和抗干扰性。

第二，加强茶园智能耕作、名优茶采摘等智能化装备研发，形成包括物联网标准、智慧硬件（传感器、农业机器人等）的统一开发技术标准，优化数据传输方式，既保证效率，又确保稳定和安全。

第三，加强茶业大数据中心建设，强化智慧农业关键技术创新研究。现有研究多集中在数据的采集过程，对数据处理和挖掘研究较少，应重点研究茶业云计算、大数据技术，以及数据融合、数据存储、数据挖掘等数据处理方法。

第四，智能茶园机械装备。需要开展茶园机械装备作业过程实时分析、智能化决策与控制前期研究，建立茶园农机智能化、精准化作业技术储备。但由于茶树种植相关的机械化程度仍然很低，除了研制自动化程度高的大型茶园机械，还需要针对分布较广的山地丘陵茶园，加强结构简单、易于操作的轻小型机械的研发，提高我国茶树种植的机械化水平。

第五，先进传感器研发。研究可靠的快速感知技术，研发高精度、可靠性强的农业专用传感器，同时研究多传感器的时空同步采集、高效组网传输、多模态数据融合处理及实时在线解析等关键技术，用于大量不同参数的快速获取。

参考文献

陈亮，虞富莲，杨亚军，等，2006．茶树种质资源与遗传改良 [M]．北京：中国农业科学技术出版社．

程启坤，姚国坤，沈培和，等，1985．茶叶优质原理与技术 [M]．上海：上海科学技术出版社．

楚博，罗逢健，罗宗秀，等，2021．茶园应用植保无人飞机的可行性评价 [J]．茶叶科学，41（2）：203-211．

郭华伟，姚惠明，唐美君，等，2021．植保无人机喷施虫螨腈防治茶小绿叶蝉效果评价 [J]．中国茶叶，43（4）：41-44，49．

骆耀平，2015．茶树栽培学 [M]．北京：中国农业出版社．

罗宗秀，李兆群，蔡晓明，等，2018．基于性信息素的茶树主要鳞翅目害虫防治技术 [J]．中国茶叶，40(4)：5-9．

潘根生，顾冬珍，2006．茶树栽培生理生态 [M]．北京：中国农业科学技术出版社．

潘根生，王正周，1986．茶树栽培生理 [M]．上海：上海科学技术出版社．

权启爱，2020．中国茶叶机械化技术与装备 [M]．北京：中国农业出版社．

阮建云，马立锋，石元值，2003．茶树根际土壤性质及氮肥的影响 [J]．茶叶科学，23（2）：88-91．

王立，陈绰文，1980．茶树修剪的生物学效应 [J]. 茶叶通讯（3）: 1-6.

王立，杨素娟，王玉书，等，1996．茶树种质资源室内保存技术：茶树茎切段试管苗保存技术 [J]. 茶叶科学，16（1）: 37-42.

吴洵，1997．茶园土壤管理与施肥 [M]. 北京：金盾出版社.

吴洵，茹国敏，1986．茶树对氮肥的吸收和利用 [J]. 茶叶科学，6（2）: 15-24.

肖宏儒，2012．茶园作业机械化技术及装备研究 [M]. 北京：中国农业科学技术出版社.

杨亚军，2005．中国茶树栽培学 [M]. 上海：上海科学技术出版社.

俞燎远，2020．中国抹茶 [M]. 北京：中国农业科学技术出版社.

俞永明，1990．茶树高产优质栽培新技术 [M]. 北京：金盾出版社.

俞永明，杨亚军，虞富莲，1997．茶树良种 [M]. 北京：金盾出版社.

张亚莲，罗淑华，1997．湖南省茶园土壤养分丰缺指标及配方施肥 [J]. 茶叶科学，17（2）: 161-170.

郑旭霞，2020．西湖龙井茶树栽培 [M]. 杭州：浙江科学技术出版社.

中国农业科学院茶叶研究所，1986．中国茶树栽培学 [M]. 上海：上海科学技术出版社.

庄晚芳，1984．茶树生理 [M]. 北京：农业出版社.

附　录

附录一
标准茶园开垦、种植与培育管理
（1～5 年）经费概算

［按大型挖掘机计费标准：350元／（时·台）、人工为150元／工］

第一年　园地开垦、种植

1. 园地初垦（＜15°的缓坡地或平地）

开垦深度要求 80 cm 以上。3～4 台时／亩，计费 1 050～1 400 元／亩。

2. 复垦（人工整平、整细，清理树根、竹鞭、乱石等）

2～3 工／亩，计费 300～450 元／亩。

3. 建手拉车道（2.0 m）、步道（1.5 m）

为茶园操作道，每亩操作道平均 18～20 m，1.00～1.20 元／m，计费 19.80～22.00 元／亩。

4. 开挖种植沟、施底肥、覆土

单行种植沟：沟宽 × 沟深 = 30 cm × （25～30） cm。

双行种植沟：沟宽 × 沟深 = 50 cm × （25～30） cm。

底肥：饼肥 250～300 kg/ 亩，另加钙镁磷肥 40～50 kg/ 亩。

饼肥每千克 2.00 元，钙镁磷肥每千克 1.0 元，肥料计费 540～650 元 / 亩。

人工费（开沟、施肥、覆土）：3～4 工，计费 450～600 元 / 亩。

5. 种苗费（种植规格以株、行距 33 cm × 150 cm，每穴 3 株）[①]

1 333 丛 / 亩 × 3 株 / 丛 = 约 4 000 株 / 亩，每株 0.15～0.20 元，计费 600～800 元 / 亩。

6. 种植、修剪（定型剪高度 15～20 cm，选留 3～4 片叶为准）

2～3 工 / 亩，计费 300～450 元 / 亩。

7. 整地、铺盖稻草

整地清理地面，计费 20 元 / 亩。

稻草每亩约 250 kg（如多更佳），按 0.8～1.0 元 / kg 计，200～250 元 / 亩。人工按 1 工 4 亩计，38 元 / 亩。计费 238～288 元 / 亩。

[①] 种植规格如以株、行距 33 cm×140 cm，每穴 3 株，种苗约 4 300 株；如双行，每亩种苗约 4 400 株，按大行距为 150 cm，小行距为 33.3 cm，每穴 2 株，以梅花形种植。另需增加 15%～20% 假植苗（600～800 株），以供翌年补苗用，计费 105～140 元 / 亩。

第二年　幼龄茶园护理

1. 除　草

全年 5 次，分别为 3 月中旬（0.5 工）、5 月下旬（0.5 工）、6 月下旬（1 工）、7 月下旬（1 工）、9 月上中旬（1 工）。全年 4 工 × 150 元 / 工 =600 元 / 亩。

2. 治虫结合根外追肥（加施 0.5% 尿素，即 100 kg 液加尿素 0.5 kg）

一般于 5 月中下旬、7 月下旬至 8 月上旬、9 月中下旬，约 3 次，每次工本 60～80 元 / 亩，3 次工本 180～240 元 / 亩，具体视虫情而定。

3. 小苗追肥

于 7 月、8 月干旱季结束后的 9 月初，离根部约 10 cm 开挖浅沟，施尿素 15 kg/ 亩，同时结合根外追肥，即 100 kg 水加 0.5 kg 尿素，经充分溶解后，喷叶片背面（注意：叶片正面不会被吸收）。每隔 7～10 d 喷 1 次，共 3～4 次。肥料与人工计费 500 元 / 亩。

4. 种　绿　肥

计费（肥、种子、人工）150～180 元 / 亩。

5. 抗旱保苗

2～3 工 / 亩，计费 300～450 元 / 亩。

6. 施基肥（9 月底至 10 月上旬）

饼肥 150 kg/ 亩，加施尿素 20 kg，饼肥按 2.00 元 / kg，尿素按 2.40 元 / kg，肥料费：348 元 / 亩，工资：75 元 / 亩，计费 423 元 / 亩。

7. 补苗（10 月底至 11 月初）

按 15% 缺株率计：4 000 × 0.15 = 600 株 / 亩，每株按 0.15～0.20 元计，90～120 元 / 亩，工资 40～50 元 / 亩。计费 130～170 元 / 亩。

8. 铺盖稻草

250 kg/ 亩，计费 90～100 元 / 亩，人工 20 元 / 亩。计费 110～120 元 / 亩。

第三年　幼龄茶树培育

1. 除　草

全年 5 次，同上年，计 600 元 / 亩。

2. 施 追 肥

第一次在 2 月底、3 月初，亩施尿素 30 kg（计费 72 元），钙镁磷肥 25 kg（计费 25 元），沟施（沟宽 × 沟深 = 20 cm × 10 cm），0.5 工 / 亩，计费 75 元 / 亩。

第二次在 9 月初，亩施尿素 25 kg，加施钙镁磷肥 20 kg，肥料费约 80 元 / 亩，工资 75 元 / 亩，沟施同上。施肥计费 327 元 / 亩。

3. 第二次定型修剪（高度 40～45 cm）

于 2 月 20 日前后在原剪口上提高 15～20 cm，0.2 工，计费 20 元 / 亩。

4. 种植绿肥

计费 100～120 元 / 亩。

5. 治虫结合根外追肥

次数同上年，计费 120～140 元 / 亩（视虫情发生）。

6. 补　苗

利用大苗归并，计费 120～150 元 / 亩。

7. 施 基 肥

饼肥 200 kg/ 亩，加施尿素 25 kg/ 亩，肥料费约 460 元 / 亩，人工费 80 元 / 亩，计费 540 元 / 亩。

8. 铺 稻 草

200 kg/ 亩，180 元 / 亩，工资 20 元 / 亩，计费 200 元 / 亩。
备注：春季可打头轻采，但要避免强采而影响树冠成形。

第四年　幼龄茶树培育

1. 除　草

全年 5 次，同上年，计费 600 元 / 亩。

2. 施 追 肥

第一次在 2 月底、3 月初，亩施尿素 40 kg/ 亩，计费 96 元 / 亩，沟施，计费 75 元 / 亩。

第二次在 9 月初，亩施尿素 30 kg，计费 72 元 / 亩，沟施，计费 75 元 / 亩。

第三次在 9 月底、10 月初，结合施基肥施入，亩施尿素 30 kg，计费 72 元 / 亩。

3 次总计费 390 元 / 亩。

备注：春季可打头轻采，严格掌握采高养低。

3. 第三次定型修剪

高度控制在 50～55 cm，即在上次剪口上再提高 15～20 cm。0.5 工，计费 75 元 / 亩。

4. 治虫结合根外追肥

次数同上年，计费 120～140 元 / 亩。

5. 施 基 肥

饼肥 250 kg/ 亩，600 元 / 亩，加施尿素 30 kg/ 亩，人工费 150

元／亩，计费 750 元／亩（尿素前文已计）。

6. 铺 稻 草

200 kg／亩，计费 180 元／亩，工资 20 元／亩，计费 200 元／亩。

第五年　幼龄茶树培育

1. 除　草

全年 4 次，3.5 工，计费 525 元／亩。

2. 施 追 肥

第一次时间同前，亩施尿素 40 kg，计费 100 元／亩，工资 75 元／亩。

第二次时间同前，亩施尿素 30 kg，计费 72 元／亩，工资 75 元／亩。

第三次时间同前，亩施尿素 60 kg，计费 72 元／亩。

3 次追肥计工本费 400 元／亩。

3. 整形修剪

春茶打头轻采后，采用水平或弧形修剪，高度控制在 60～65 cm，即在原剪口上提高 10 cm 左右，需工 1 工，计费 150 元／亩。

4. 治虫结合根外追肥

次数同前，180～200 元／亩。

5. 施 基 肥

饼肥为 300 kg/ 亩，计费 720 元 / 亩，加施尿素 30 kg/ 亩（以上已加），人工为 2 工 / 亩，计费 300 元 / 亩。计费 1 020 元 / 亩。

1~5 年总计

第一年园地开垦与种植：园地开垦、种植工本 3 630~4 820 元 / 亩。

第二年幼龄茶园护理：2 400~2 690 元 / 亩。

第三年幼龄茶树培育：2 030~2 100 元 / 亩。

第四年幼龄茶树培育：2 140~2 160 元 / 亩。

第五年幼龄茶树培育：2 280~2 300 元 / 亩。

备注：由于茶园各环节存在相互影响关系，1~5 年总计并非第一年至第五年计费的简单加总；以上仅为示例，具体需要结合所处茶区与茶园实际情况综合计费。

附录二
茶树枝叶与根系生长状况示意图
（以杭州地区为例）

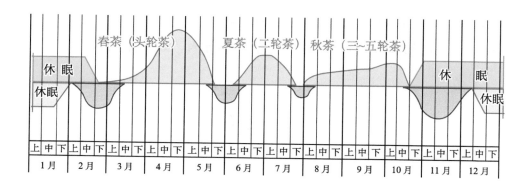

附录三
茶区茶事月历

茶树的生长发育有一定的规律，受自然因素的影响并有一定的周期性，科学种茶必须按季节和周期安排才能不违茶事，才能优质高产。一旦错失时机就难以补回，季节不等人，茶事不能误。

1月、2月茶事

1）制订全年茶事管理计划，并公示于众，争取人人知情。

2）清理茶厂、库房，检修制茶机具等，务必在春节前完成。

3）修理、制作茶机（器）具、竹制品、农器具等，茶叶包装设计制作。

4）组织落实采茶工、名优茶炒制工，落实田间、茶厂、后勤等负责人员，并拟订岗位责任制。

5）施茶树催芽肥（速效氮肥），最适在茶芽萌发前20 d左右施下（根系还处在生长高峰，吸收力强）。

6）清除冬草，做到除小、除掉，以防春茶草荒，避免与茶树争夺肥水。

7）2月中下旬新茶园茶苗定植、补苗、小苗归并并补缺。对新茶苗进行定型修剪。

8）清理茶园蓄、排水沟、蓄水池、整修园区道路。做好春茶开采各项准备工作。

9）园区植树造林，改变园区生态环境。

3 月茶事

为迎接繁忙的茶叶加工，做好茶叶加工厂（场所）和制茶机械、用具的准备。

1）对茶厂车间（场所）进行修补和清扫。清扫墙壁、地面及机器上的灰尘，修补车间损坏处，最好进行一次粉刷。更换窗纱等。

2）机器维修。对机器进行全面检查，更换减速箱内润滑油和已损坏零件，清除锅体内等处的污垢和铁锈，对运动部位加注黄油和机油，更换扁茶机炒板布套，进行试运转，使机器达到正常作业状态。

3）制茶用具准备。制茶竹编用具、制茶专用油等应备齐。天气渐暖，茶芽将发，早芽种开始投采，应配备得力的采茶监管人员，严把采摘质量。开始实施"跑马采"，符合一个采一个，切勿大小芽一起采，实施分批按标准采。

4）春茶是茶叶生产的主战场，必须做好一切准备，迎接全面投采！

5）早芽种开始投采。

4 月茶事

茶区一派丰收繁忙景象。天气转暖，阳光明媚，空气清新明洁，是茶叶采摘的高峰期，要组织好人力，不失良机，力争优质高产。

1）全面采制名优茶。

2）中下旬采制大宗茶。

3）开始注意观察茶园病虫为害情况，要派植保人员到茶地巡视。

4）于中下旬对三足龄幼龄茶树经打头轻采后，立即进行第三次定型修剪，高度控制 45～50 cm，宜早不宜迟，培养好第四层骨架枝。

5）制茶机械的正常运行，是茶叶加工品质的重要保证，为此请广大茶叶加工企业和农户应注意：每天作业前要检查机器上或周围有无影响安全的工具或物品，开机时要向相关作业人员打招呼，确保安全再开机。

6）机械作业过程中，投叶应适量，不能过多过少，严格控制炒制温度。应加强作业巡视，发现炒茶质量问题，及时调整温度、投叶量等参数。发现机器轴承温度过高或机器有异常响声，应停车检查，待故障排除后，方可恢复作业。

7）机器工作一定时间，应停机休息 2 h 左右，避免机器一天到晚或日夜连续运转。运行过程中要对运动部件及时加注润滑油。

8）每天作业结束，有热源的机器，要先关闭热源，停止加热后机器再转动 15～20 min，使滚筒或炒叶锅温度降至 50 ℃ 以下再关机。关机后应清扫机器和周围。关闭机器和总电源后，方可离开车间。

9）各茶机生产企业做好机器售后服务和配件供应工作。当接到用户茶叶机械损坏或故障请求后，应及时派员上门维修。

5 月茶事

大宗茶采制进入旺季，立夏之后浙江正式进入雨季即梅汛期，气温比较稳定，是茶树最佳生长季节。春茶采后对茶树来说，已大伤元气，此时根系生长出现短期小高峰，加强肥培管理实有必要。

1）继续采制大宗茶。

2）春茶结束后，对投采茶园的蓬面进行全面修平或轻修剪（5～8 cm）或深修剪（10～15 cm），对衰老茶园进行重修剪（剪去 1/2 或 1/3）或台刈，剪后施入以磷钾肥为主的有机复合肥（100～150 kg/亩），只剪不培，对树体是一种伤害。改造时间越早越好，切忌在 6 月进行，否则发芽时适逢 7 月高温干旱季，影响改造效果。

3）加强夏茶病虫害测报，及时进行防治。

4）对茶园进行全面除草（春草），严防草荒。

5）进行第二次施以速效复合肥或尿素 10～15 kg/亩，沟施（7～8 cm），切勿抛施。

6）进行春茶小结。

7）茶厂机具等进行全面保养。为夏茶作准备。

8）采制夏茶。

6 月茶事

进入 6 月，梅雨将至，梅汛期如浙江各地雨量在 250～260 mm，占全年总降水量的 34%～37%。这一时期江南气旋活动频繁，常会出现暴雨或特大暴雨，导致山洪暴发、江河泛滥，要严防水土流失。

1）继续采制夏茶。

2）春茶后修剪的茶树已发芽展叶，对这类茶树要特别注意观察，茶树经修剪后，枝叶繁茂，芽叶细嫩，是病虫害滋生的良好场所，特别对于为害嫩梢新叶的茶蚜、小绿叶蝉、茶尺蠖、茶细蛾、茶卷叶蛾、茶梢蛾，以及芽枯病等，必须注意及时检查，一经发现，采取有效防治措施，确保复壮树冠枝壮叶茂，增产增收。

3）绿肥刈割，或铺割野草，对确保幼龄茶园安全度夏（7月、8月）十分有效，争取月底前完成。

4）下旬（干旱季出现前）可第三次施入以复合肥（以氮为主）或尿素 10～15 kg/ 亩，沟施（深 15 cm 左右）。

5）茶园除草是茶园土壤管理中需要经常进行的工作。6月梅草生长旺发，它不仅与茶树争夺养分、水分，还助长病虫害的滋生蔓延，给产量和品质带来影响。因此，必须做到除小、除掉，千万不要等形成草皮再耕除。

7 月茶事

江南茶区气候 7 月面临梅汛和高温干旱的转折期，一出梅就立刻进入炎热酷暑期。平均气温在 28～30 ℃，日最高气温超过 35 ℃的天数全年最多，极端气温达 43 ℃以上。

茶区应加强蓄水防旱，力求茶树安全度夏。

1）下旬采制秋茶。

2）对未采夏秋茶的茶园，尤其经深修剪或重修剪的茶园，由于茶树新枝顶端优势明显，对于蓬面凸出的枝梢应分期分批采掉，采高养低（芽叶为炒制红茶的优质原料），促使留下小桩分枝，旨在为增加芽密度，为来年春茶奠定多发芽的基础。

3）全面铲除茶园杂草（梅草），以防与茶树争肥。

4）注意幼龄茶园抗旱保苗，必要时浇水保苗，每5～7 d进行一次，有条件采用移动喷灌方法等，确保全苗壮苗。

5）为病虫害高发时期，应加强病虫害测报，注意有效防治，结合进行根外追肥（添加0.5%尿素液）。

6）如要发展新茶园，此时开垦园地是最好的时节，翻耕土地后烈日暴晒，对疏松土壤极其有利。

8 月茶事

从8月开始，气温降低，雨水依然偏少，茶树经受骄阳似火，饱受高温炙烤，未采取抗旱措施的茶树生长严重受损，不少茶园可能被"烤焦"。

1）8月理应是秋茶采收季节，但由于天公不作美，高热干旱，给茶树生长带来严重影响，树体营养亏缺，如未下透秋雨，不宜采茶。需养蓄一段时间，待恢复长势再采秋茶。

2）待高温干旱缓解时，对茶树立即采取恢复生长的有力措施。尤其对受害严重的茶树立即进行不同程度的修剪，可在枯死部位以下1～2 cm处将已枯死的枝条剪去，并对其加强肥培管理。成龄茶园每亩施用15～20 kg复合肥或尿素；幼龄茶园每亩施用5～10 kg复合肥或尿素。茶树长势恢复之前不宜过多施用肥料。也可用0.5%尿素或0.5%磷酸二氢钾水溶液进行根外追肥，不仅能补给养分，促进根系快长，而且也增加了水分，增强了抗旱力。

3）对已修剪茶树，做好秋茶留养，待秋末茶芽（约10月中旬）

停止发芽时，为减少树体营养消耗，把未成熟芽叶采掉（俗称"早断奶"），确保翌年春茶优质高产。

4）病虫害防治方面，干旱期间茶园易遭受病虫为害，主要的茶树病虫害有茶赤叶斑病、小绿叶蝉、螨类等，必须及时防治；用药量浓度宜低，最好选择在阴天或晴天的早晨或傍晚进行。幼龄茶园枝叶幼嫩繁茂，易遭受小绿叶蝉、茶毛虫等幼虫为害，可选用天王星、吡虫啉等农药进行防治。

9 月茶事

以杭州为例，2022 年入夏后，至 8 月 25 日高温仍在持续，一共经历了 41 个高温日（最高气温≥35 ℃），27 个酷暑日（最高气温≥37 ℃）。对茶树来说，生长严重受影响，在高温烈日下，雨水又严重不足，其呼吸作用、蒸腾作用增强，大大消耗树体"体能"。本月开始需增强茶树护理。

1）"夏天过后，无病三分虚"，待下透雨后，及时用速效氮肥补充营养。尤其要采制秋茶的茶园，更应及时施肥，增强营养。

2）对晒伤茶园，根据晒伤程度，及时进行修剪，剪至伤害枝干以下 2～3 cm，并及时加施速效肥，促使芽叶尽快萌发，这是翌年春茶萌发的基础，务必高度重视。

3）幼龄茶园可打头轻采，改造茶树采用采高养低，制作秋季名优茶。

4）采制大宗茶或名优秋茶。

5）全面清除茶园秋草。

6）播种冬季绿肥，翻埋夏季绿肥。

7）注意茶园病虫害测报，进行有效防治。

8）全面调查幼龄茶园茶苗成活率，以确定补苗数量。

9）新茶园规划设计，开垦。

10）茶园深耕结合施基肥（饼肥 150～300 kg/ 亩，或用有机复合肥 250～300 kg/ 亩），另加施速效氮 15～20 kg/ 亩，沟施（宽 20～25 cm，深 15～20 cm），切勿抛施！基肥最迟不宜超过 10 月中旬，否则影响当年的肥效。

10 月茶事

以杭州为例，10 月太阳直射点南移，气温下降，逐渐入秋；日照减少，10 月 23 日的日照时数只有 11 h 14 min。尽管气温仍在 10 ℃以上，但茶芽早就停止发芽，尤其高山茶区，9 月中旬停止发芽，意味着茶树根系进入全年生长最高峰。因此茶区必须抓紧秋季茶园田间管理，旨为春茶优质高产（关键时期）奠定基础。

1）结束秋茶采制。

2）全面清理茶厂，茶机检修保养。

3）继续开沟施基肥，最迟不要超过 10 月 20 日，越迟难以发挥对春茶的作用，切记抓住关键时期，勿误茶事。

4）一旦停止发芽，就应为树体增加贮藏营养，把蓬面上未成熟的芽叶及时采掉（俗称"早断奶"），确保春茶从采口以下的成熟叶萌发。

5）秋季切勿全面修剪，此时尽量给茶树蓬面多留叶，有利于增加根部贮藏营养，这是春茶优质高产的物质基础。最多把凸出芽梢剪平。

6）全面清除茶园杂草。

7）有条件的深耕或中耕行间土壤，以利土壤微生物与根系生长。

8）种植冬季绿肥。

9）为防治茶树叶部病虫、蚧类、叶螨类和粉虱类害虫等，用石灰硫黄合剂（不超过 0.5 波美度），全面喷洒（全树喷杀）封园。此项工作应于下旬开始，最迟不要超过 12 月中旬，否则影响药效。

10）10 月下旬至 11 月上旬，视天气状况（主要有雨水），开始新茶园定植，定型修剪，种后茶行两侧铺草保湿、防冻。

11）茶园补植或归并。

11 月、12 月茶事

以杭州为例，11 月日均最高气温 17 ℃，日均最低气温 9 ℃，15 日开始最低气温 10 ℃以下。从日照时数看，从 10 月 23 日开始低于 11 h 15 min（据称是茶树的临界日照长度）。从以上气象指标看，茶树已逐步迈入休眠状态。从全省气象资料看，浙南（瑞安）茶季较长，浙北（嘉兴）相对较短。

1）继续进行新茶园定植，最迟不宜超过中旬，过迟茶树处在休眠状态，影响发根成活，早种将近有一个多月的发根期。

2）幼龄茶园补苗或大苗归并。缺株断行较多的茶园，抓紧进行大树带土移植。

3）有条件的茶园实施行间铺草，以增加有机质，防止水土流失，增加地温。

4）对茶厂进行全面清理，各种机具进行细致保养，进行必要的茶具制作，为翌年春茶做好各项准备。

5）在园区进行全面植树造林，改善园区生态环境，努力创建生态茶园，达到既是茶园又是花园的目标。

6）进行技术培训、生产技术交流：针对薄弱环节，参加一些有效的培训，也可利用农闲时间到外地参观学习和交流。

中国农业科学院茶叶研究所示范园